普通高等教育一流本科专业建设成果教材

化工原理实验

杨涛 主编 刘芬 副主编

第二版

Second Edition

化学工业出版社

·北京·

内容简介

《化工原理实验》（第二版）以普通高等院校化工原理实验教学基本要求为依据，在第一版的基础上进行了修订。保留了典型化工单元操作实验内容，如流体流动、离心泵、过滤、传热、精馏、吸收及干燥等，同时增加了 Excel 和 Origin 软件在化工原理实验数据处理中的应用及化工仿真综合实训。本书提供实验视频、程序文件、实验报告样例和附录等数字资源，读者可扫码获取，使学习更高效。在教材编写过程中，将实验教学内容和大量有益的思政教育素材进行有机结合，融为一体，从而强化学生化工安全意识，培养学生工匠精神、协同合作意识与奉献精神、勇于创新的科学求知精神等，以实现育人与育才相结合的目标。

本书可作为本科和专科相关专业化工原理实验教材，也可供其他相关专业工程技术人员参考。

图书在版编目（CIP）数据

化工原理实验/杨涛主编 . —2 版 . —北京：化学工业出版社，2024.8（2025.5 重印）

普通高等教育一流本科专业建设成果教材
ISBN 978-7-122-45703-5

Ⅰ.①化… Ⅱ.①杨… Ⅲ.①化工原理-实验-高等学校-教材 Ⅳ.①TQ02-33

中国国家版本馆 CIP 数据核字（2024）第 102496 号

责任编辑：吕　尤　徐雅妮　　文字编辑：孙倩倩　葛文文
责任校对：宋　玮　　　　　　　装帧设计：韩　飞

出版发行：化学工业出版社
　　　　　（北京市东城区青年湖南街 13 号　邮政编码 100011）
印　　装：高教社（天津）印务有限公司
787mm×1092mm　1/16　印张 10½　字数 246 千字
2025 年 5 月北京第 2 版第 2 次印刷

购书咨询：010-64518888　　　售后服务：010-64518899
网　　址：http://www.cip.com.cn
凡购买本书，如有缺损质量问题，本社销售中心负责调换。

定　　价：**33.00 元**　　　　版权所有　违者必究

编写人员名单

主　编：杨　涛

副主编：刘　芬

参　编：向　程　曹小华　张晓宇　葛利伟

　　　　高恩丽　曹晓燕　徐志海

前　言

党的二十大报告指出："加快建设教育强国、科技强国、人才强国，坚持为党育人、为国育才。"用社会主义核心价值观铸魂育人，完善思想政治工作体系，推进大中小学思想政治教育一体化建设。本书在修订过程中，注重树立正确的职业道德观，秉持高尚的职业操守，为化工行业的发展和社会的进步作出贡献。通过学习本书，学生能较好地掌握大纲所要求的单元操作的基本原理、基础理论及典型设备的过程计算，对单元过程的典型设备具备基本的判断和选择，并熟悉常见的处理工程问题的方法，培养工程观。了解化工生产的各单元操作中的故障，能够寻找和分析原因，并提出消除故障和改进过程及设备的途径。在实验中不断积累新的知识，得到系统的、严格的工程实验训练，提高动手分析和解决问题的能力的同时，感受科技创新对国家发展的战略意义，激发学生的民族自豪感和家国情怀。

本教材主要围绕化工原理实验内容展开，其实验部分内容是根据本校化工原理实验室实验装置编写而成，这些实验装置的通用性和实用性较强，包括了大部分化工单元操作实验，以处理工程实际问题方法和培养学生理论联系实际的能力为主导思想。另外本书介绍了 Excel、MATLAB 和 Origin 常用软件在化工原理实验数据处理中的应用，这部分内容是其它同类书籍中所没有的。该内容浅显易懂，并备有若干算例，使读者能够在较短的时间内掌握常用软件在化工单元计算中的应用，也可有效地提高学生应用计算机处理实验数据的能力。

本书在修订过程中加入了丰富的数字资源，包括实验视频、程序文件、实验报告样例和附录。读者可扫码获取相应的资源，使学习更高效。实验视频得到了莱帕克（北京）科技有限公司的技术支持，在此表示感谢。

本教材共分 5 章，第 1 章由杨涛和曹小华编写，第 2 章由杨涛和张晓宇编写，第 3 章由刘芬、向程、高恩丽和曹晓燕编写，第 4 章由杨涛和刘芬、葛利伟编写，第 5 章由杨涛和刘芬、徐志海编写。全书由杨涛、刘芬统稿。2019 年我校的化学工程与工艺专业被列为江西省一流特色专业，化工原理实验为校级一流建设课程。新增加的第 4 章涉及的化工仿真实训被列为江西省虚拟仿真实验教学项目。本教材为本校校级立项教材，在编写过程中，将实验教学和大量的思政教育素材有机结合，融为一体，形成内涵丰富的实践教学内容，从而增强了学生的主人翁意识，从而强化学生化工安全意识，培养学生工匠精神、协同合作意识与奉献精神、勇于创新的科学求知精神等，以实现育人与育才相结合的目标。

本书的出版一是满足专业和课程建设发展需要；二是满足高等院校本科和专科相关专业学生、教师及其它相关专业工程技术人员的参考用书需要。

在编写过程中，难免会有疏漏和不妥之处，恳望读者批评指正。

编者
2024 年 4 月

第一版前言

化工原理实验是教学中的一个重要实践环节。通过实验，学生应掌握大纲所要求的单元操作的基本原理、基础理论及典型设备的过程计算；具有运用课程有关理论来分析和解决化工生产过程中常见实际问题的能力；对单元过程的典型设备具备基本的判断和选择，并熟悉常见的处理工程问题的方法，培养工程观点；了解化工生产的各单元操作中的故障，能够寻找和分析原因，并提出消除故障和改进过程及设备的途径。在实验中不断积累新的知识，得到系统的、严格的工程实验训练，提高动手分析和解决问题的能力。

本教材主要围绕化工原理实验内容展开，其实验部分内容是根据本校化工原理实验室实际装置编写而成，这些实验装置的通用性和实用性较强，包括了大部分化工单元操作实验，以处理工程实际问题方法和培养学生理论联系实际的能力为主导思想。另外本书介绍了 MATLAB 在化工原理实验数据处理中的应用，这部分内容是其它同类书籍中所没有的。该内容浅显易懂，并备有若干算例，使读者能够在较短的时间内掌握 MATLAB 在化工计算中的应用，也可有效地提高学生计算机处理实验数据的能力。本教材共分 4 章，第 1 章由卢琴芳编写，第 2 章由杨涛和李国朝编写，第 3 章由杨涛、刘祥丽、曾湘晖编写，第 4 章由乔波编写。全书由杨涛、卢琴芳统稿。

我校《化工原理及实验》课程于 2004 年列为江西省优质课程，同年我院的化学工程与工艺专业被列为江西省重点学科，本书的出版一是满足学科建设发展需要；二是满足高等院校本科和大专相关专业学生、教师及其他相关专业工程技术人员的参考用书需要。

在编写过程中，难免会有疏漏和不妥之处，恳望读者批评指正。

编者
2007 年 6 月

目　录

扫码阅读本书附录

1　化工原理实验须知

1.1　课程须知

1.1.1　课程教学地位和教学目标

化工原理课程是化工、石油、轻工、环境等专业学生必修的一门专业基础课程，是综合性技术学科化学工程与工艺的基础组成之一，也是学习后续专业课的基础，旨在指导学生掌握各种常见化工单元操作的基本原理及典型设备的过程计算、培养工程观点和熟悉常见的处理工程问题的方法。我们知道，复杂化工生产过程的应用理论是不能只靠几个假定、定理公式或演绎推导的方法获得的。无论是工程的可行性研究、新技术的开发和应用，还是工程设计的依据，往往都有赖于以实验为基础的经验或半经验的公式，或者直接取实验放大的数据。属于工程技术学科的化工原理也可以说是建立在实验基础上的学科。所以，化工原理实验在这门课程中占有重要地位，和化工原理理论课相辅相成是化工教学中的重要组成部分，同时也是一门工程实验课程。

近年来，由于化学工程、石油化工及生物工程的快速发展，新材料等高新科技产品的研制和开发，以及新能源的开发利用都对新型高效率、低能耗的化工过程与设备的研究提出了迫切的、更高的要求。同时，培养大批具有创新思维和创新能力的高素质人才是时代对于高等学校的要求。不少高等院校为了适应新形势，加强了学生实践性教学环节的教育，以培养有创造性和有独立动手能力的科技人才。因此各大高等院校纷纷提出化工原理实验应单独设课，制定实验课的教学大纲，也确立了化工原理实验课在学生培养中的应有地位。

化工原理实验中每个实验本身就相当于化工生产中一个单元过程。通过化工原理实验不仅使学生巩固了对化工基本原理的理解，更重要的是对学生进行了系统的、严格的工程实验训练，使学生在实验中增长不少新的知识，培养学生具备对实验现象敏锐的观察能力、运用各种实验手段正确地获取实验数据的能力、分析归纳实验数据和实验现象的能力，由实验数据和实验现象得出结论并提出自己的见解，增强创新意识，综合运用理论知识，提高分析和解决实际问题的能力。

通过本门课程的教学，力求达到如下目标：

① 巩固、验证化工单元操作的基本理论和相关规律，并能运用理论分析实验过程，使

理论知识得到进一步的理解和强化；

② 熟悉典型化工单元操作实验装置的流程、结构和操作，掌握化工数据的基本测试技术，例如测量操作参数（压强、流量、温度等）常用的化工仪器仪表的测定方法；

③ 培养学生设计实验、组织实验的能力，增强工程概念，掌握实验的研究方法；

④ 建立实事求是、严肃认真的科学态度，掌握数据处理和分析的方法，并能完整地撰写实验报告。

1.1.2 课程研究内容和研究方法

化工单元操作和设备是组成一个化工过程的主要元件。化工技术人员要达到正确操作和设计的目的，把握设备特性和保证操作或设计参数的可靠是非常必要且重要的。而在诸多化工过程的影响因素中，有些重要的影响参数不能完全由理论计算或文献查阅出来，因此必须建立恰当的实验方法、组织合理的实验操作来获取；另外一些重要的工程因素的影响难以用理论解释，可以通过实验加深对基础理论知识应用的理解。针对常用的化工基本单元操作及设备如流体流动、流体输送机械、过滤、传热、蒸馏、吸收、萃取、干燥等，本教材相应编写了 9 个典型的化工装置单元操作实验，即雷诺实验、流体流动阻力测定实验、离心泵特性曲线测定实验、过滤常数测定实验、传热综合实验、精馏综合实验、气体吸收实验、液-液萃取实验、干燥速率曲线测定实验和 1 个关于流量测量仪器性能的实验（流量计性能测定实验）。为进一步强化工程实践能力，还增加了 2 个典型化工仿真综合实训，即精馏塔单元与安全演练、3D 虚拟仿真实训和吸收解吸操作工艺 3D 虚拟仿真综合实训。建议安排化工原理实验课时 30～40 学时，实训安排约 16 学时，也可针对理工科专业和本专科的教学要求的不同，对实验教学内容作适当调整。

另外，还需特别指明的是关于实验研究方法的问题。工程实验与基础实验不同，它所面对的是复杂的实际问题和工程问题，处理的对象不同，实验研究的方法也必然不同。工程实验的困难在于变量多，涉及的物料千变万化，设备大小悬殊，实验工作量之大之难是可想而知的。如影响流体流动阻力 h_f 的变量就有 6 个，如图 1.1 所示。

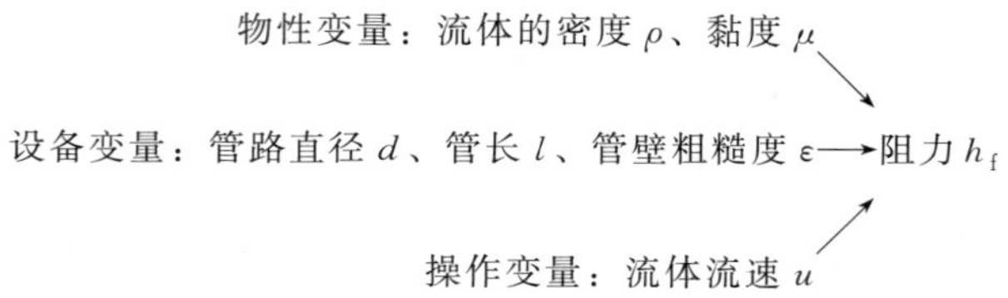

物性变量：流体的密度 ρ、黏度 μ

设备变量：管路直径 d、管长 l、管壁粗糙度 ε ——阻力 h_f

操作变量：流体流速 u

图 1.1 影响流体流动阻力的变量

如采用一般的物理实验方法组织实验，每个变量变化 n 次，实验次数达 n^6 之多，并且改变物性变量就必须选用多种流体，改变设备变量就必须搭建不同实验装置，保持流体的密度 ρ 和黏度 μ 相对独立又是难以做到的，因此不能把处理一般物理实验的方法简单地套用于化工原理实验。在长期的化学工程理论的研究发展中，已形成了一系列成熟并行之有效的实验方法，可以针对工程实验的复杂性达到事半功倍的效果。常用处理化学工程问题的基本实验研究方法有以下五种。

（1）量纲分析法

量纲分析法是在量纲论指导下的实验研究方法（经验方法）。首先通过变量分析找到对物理过程有影响的所有变量，然后利用量纲分析方法将几个变量之间的关系转变为特征数之间的关系，这样不但使实验变量的数目减少，实验工作量大为降低，还可通过变量之间关系的改变使无法或难以进行的实验容易进行。

如流体流动阻力测定实验，首先经过实验、量纲分析得出影响摩擦系数 λ 的因素为雷诺数 Re 和相对粗糙度 ε/d，有

$$\lambda = f(Re、\varepsilon/d)$$

然后再进行实验，用方便的物料（水或空气），改变流速 u、粗糙度 ε，进行有限实验，通过实验数据处理，便可获得 λ 与 Re 及 ε/d 的关系曲线或归纳出具体的函数形式。

又如，在传热的工程问题中，对流传热系数与流体的物理性质、流动状态及换热器的几何结构有关，通过量纲分析，得到如下关系式

$$Nu = f(Re, Pr, Gr)$$

在强制传热条件下，$Nu = f(Re，Pr)$ 或 $Nu = ARe^{m}Pr^{n}$

$$Nu = \frac{\alpha d}{\lambda} \qquad Re = \frac{lu\rho}{\mu} \qquad Pr = \frac{C_p\mu}{\lambda}$$

（2）数学模型法

数学模型法是一种半经验半理论的方法，自 20 世纪 70 年代产生并得以发展成熟，并伴随计算机的出现和升级得以快速发展。其原理是将化工过程多个变量之间的关系用一个或多个数学方程式来表示，通过求解方程以获得所需的设计或操作参数。

数学模型法处理工程问题，首先要通过实验研究充分认识问题，进行过程的简化，初建简化的物理模型，即通过一些假设和忽略一些影响因素，把实际复杂的化工过程简化为某种等效的物理模型，然后对此物理模型进行数学描述，即数学方程式（数学模型）的建立。常用的数学关系式主要有以下几种：物料衡算方程、能量衡算方程、过程特征方程（相平衡方程、过程速率方程等）及与之相关的约束方程。最后组织实验，通过少量的实验数据确定模型中的参数。

如过滤常数测定实验属于流体通过固体颗粒床层的流动问题，在处理此类问题时即采用数学模型法。流体通过固体颗粒床层这一流动过程的复杂性在于流体通道的不规则性，其流动问题并非属于平直管内的流动，但在研究中我们发现流体通过颗粒层的流动极慢，即为层流，流动阻力主要来自于表面摩擦，这样可使过程简化，即将流体通过固体颗粒床层的不规则流动简化为流体通过许多平行排列的均匀细管的流动，并在此基础上进行数学模型的建立。许多教材和论著中均有阐述，这里不再重复。

（3）过程分解法

过程分解法是将一个复杂的过程分解为相对独立的几个分过程，分别研究分过程的规律，再将各分过程联系起来，考察整个过程的规律和各分过程的相互影响。该方法的特点是先局部后整体，从简到繁，从易到难。通过过程的分解可减少实验的次数。

如研究传热速率和传热系数与各种过程因素之间的关系时，对于间壁式传热过程的研究采用的就是过程分解法。将整个传热过程分解为三个分过程，即

热流体
↓ 热对流 Q_1
热流体侧固体壁面
↓ 热传导 Q_2
冷流体侧固体壁面
↓ 热对流 Q_3
冷流体

总传热速率方程式为 $Q = KS\Delta t_m$

对于稳态传热过程 $Q_1 = Q_2 = Q_3 = Q$

以管内表面积为基准计算的总传热系数 K_i 为

$$\frac{1}{K_i} = \frac{1}{\alpha_i} + R_i + \frac{bd_i}{\lambda d_m} + \frac{R_o d_i}{d_o} + \frac{d_i}{\alpha_o d_o}$$

又如气体吸收过程，气液相的流动状况、物系性质和相平衡关系等诸多因素都对传质速率或传质系数有影响，在研究吸收传质速率时，采用过程分解的方法，减少实验工作量，将溶质在整个吸收传质的过程分解为三个分过程：

气相主体

    ↓ 气相传质速率 $N_G = k_G(p - p_i)$

气相界面

    ↓ 溶解 $p^* = c/H$ $p_i = c_i/H$

液相界面

    ↓ 液相传质速率 $N_L = k_L(c - c_i)$

液相主体

总吸收传质速率为 N_A。对于稳态吸收传质过程 $N_A = N_G = N_L$，则有

$$N_A = K_G(p - p^*) \quad 1/K_G = 1/Hk_L + 1/k_G$$

（4）变量分离法

对于同一单元操作，可在不同形式、不同结构的设备中完成，各种物理过程变量和设备变量交集，使得所处理的问题变得复杂。如果我们可以在诸多变量中将交联较弱者切开，便可将问题简化，从而问题可以解决，这就是变量分离方法。如吸收塔、萃取塔的传质单元高度的研究，板式精馏塔效率的实验研究都是基于此法。

（5）直接实验法

直接实验法就是对被研究对象进行直接实验以获取其相关参数间关系的方法。此法实验工作量大，耗时费力，但针对性强，实验结果可靠，对于其它实验研究方法无法解决的工程问题，仍是一种行之有效的方法。

运用这些处理工程问题的研究方法，可以对化工单元操作实验问题进行很好的实验规划，达到很好的"类推"功效。如在实验物料和实验室规模的小设备上，经有限的试验和理性的推断可推及出可运用于工业过程的规律。这些研究方法都可以通过化工原理实验得到初步认识与应用。

表 1.1 为本门实验课程的实验研究内容和相应研究方法。

表 1.1 化工原理实验研究内容和研究方法

单元操作	相关实验	研究内容	研究方法
流体流动	实验1 雷诺实验	研究对象：流动类型、雷诺数 Re 参数关联：$Re = \dfrac{du\rho}{\mu}$ 知识要点：流动类型的判断	直接实验法

续表

单元操作	相关实验	研 究 内 容	研 究 方 法
流体流动	实验2 流体流动阻力测定实验	研究对象:流体阻力、摩擦系数 λ、阻力系数 ξ 参数关联: $h_f = \lambda \times \dfrac{l}{d} \times \dfrac{u^2}{2}$ $\lambda = h_f \times \dfrac{d}{l} \times \dfrac{2}{u^2}$ $\zeta = h_f \times \dfrac{2}{u^2}$ 知识要点:流体阻力、机械能衡算	量纲分析法
流体输送机械	实验4 离心泵特性曲线测定实验	研究对象:离心泵的特性和操作 参数关联: $H = f(Q)$, $N = f'(Q)$, $\eta = f''(Q)$ 知识要点:机械能衡算、离心泵的特性与工作点、流量的调节	直接实验法
过滤	实验5 过滤常数测定实验	研究对象:过滤操作、过滤常数 K、q_e 参数关联: $\dfrac{\Delta\theta}{\Delta q} = \dfrac{2}{K}\bar{q} + \dfrac{2}{K}q_e$ 知识要点:过滤速率	数学模型法
传热	实验6 传热综合实验	研究对象:对流传热系数 参数关联: $Q = KS\Delta t_m$ $\dfrac{1}{K_i} = \dfrac{1}{\alpha_i} + R_i + \dfrac{bd_i}{\lambda d_m} + \dfrac{R_o d_i}{d_o} + \dfrac{d_i}{\alpha_o d_o}$ $Nu = ARe^m Pr^n$ 知识要点:传热速率	过程分解法 变量分离法 量纲分析法
蒸馏	实验7 精馏综合实验	研究对象:精馏塔操作、塔效率 E_T 参数关联: $E_T = \dfrac{N_T}{N_P}$ 知识要点:物料衡算、精馏塔操作、塔效率	变量分离法
吸收	实验8 吸收与解吸实验	研究对象:填料吸收塔操作、吸收总传质系数 参数关联: $N_A = K_Y a V_t \Delta Y_m$ $V(Y_1 - Y_2) = L(X_1 - X_2)$ $\eta = \dfrac{Y_1 - Y_2}{Y_1} = 1 - \dfrac{Y_2}{Y_1}$ $\Delta Y_m = \dfrac{(Y_1 - mX_1) - (Y_2 - mX_2)}{\ln\dfrac{Y_1 - mX_1}{Y_2 - mX_2}}$ 知识要点:物料衡算、传质速率、吸收操作	过程分解法 变量分离法
萃取	实验9 液-液萃取实验	研究对象:萃取塔操作、萃取体积总传质系数 参数关联: $N_{OE} = \displaystyle\int_{Y_{Eb}}^{Y_{Et}} \dfrac{dY_E}{(Y_E^* - Y_E)}$ 知识要点:萃取特点、传质速率	变量分离法
干燥	实验10 干燥速率曲线测定实验	研究对象:干燥操作、干燥速率 参数关联: $u = \dfrac{-G_C dX}{A d\tau} = \dfrac{dW}{A d\tau}$ 知识要点:干燥速率、干燥特点	直接实验法

1.2　实验须知

1.2.1　实验实施过程及基本要求

化工原理实验是用工程装置进行实验，对学生来说往往是第一次接触而感到陌生、无从下手，同时是几个人一组完成一个实验操作，如果在操作中相互配合不好，将直接影响实验结果。所以，为了切实收到教学效果，要求每个学生必须认真经历以下几个环节。

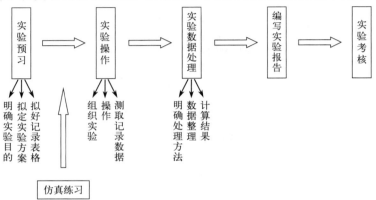

（1）实验预习

做实验前首先要考虑如下问题：实验提出什么样的任务；为完成实验所提出的任务，采用什么样的装置、选用什么物系、流程应怎样安排、读取哪些数据、应该如何布点等。因此，实验前应认真地预习实验指导书，明确实验目的、要求、原理及实验步骤，以及实验所用装置的原理和构造、流程，了解装置启动和使用方法（注意：未经指导教师许可，不要擅自开动！）以及所涉及的测量仪器仪表的使用方法。

为了保证学生实验的质量，化工原理实验前可采用计算机仿真练习，通过计算机模拟实验，熟悉实验装置的组成、性能、实验操作步骤和注意事项，思考并回答有关问题，强化对基础理论和实验过程的理解。

学生们在预习和仿真练习的基础上写出实验预习报告。预习报告的内容应包括：①实验目的、原理；②实验操作要点；③原始数据的记录表格；④实验装置情况和注意事项。

最后还要进行现场了解，按三至四人一组做好分工，并且每组成员都要做到心中有数，经指导教师提问检查后方可进行实验。

（2）实验操作

实验设备启动前必须检查：

① 设备、管道上各个阀门的开、关状态是否符合流程要求；

② 泵等转动的设备，启动前先盘车检查能否正常转动，才可启动设备。

实验操作中要求学生正确使用设备，仔细观察现象，详细地记录数据。读取数据时应注意以下几点。

① 凡是影响实验结果或者数据整理过程中所必需的数据都一定测取，包括大气条件、设备有关尺寸、物料性质及操作数据等。

② 不是所有的数据都要直接测取。凡可以根据某一数据导出或从手册中查取的其它数

据，就不必直接测定。例如：水的黏度、重度等物理性质，一般只要测出水温，即可查出，不必直接测定。

③ 实验时一定要在现象稳定后才开始读数据。条件改变后，要稍等一会，待达到稳定才可读数。

④ 同一条件下，至少要读取两次数据（研究不稳定过程除外）。在两次数据相近时，方可改变操作条件。每个数据在记录后都必须复核，以防读错或记错。

⑤ 根据仪表的精确度，正确读取有效数字。必须记录直读的数据，而不是通过换算或演算以后的数据。读取的数据必须真实地反映客观实际，即使已经发现它是不合理的数据，也要如实地记录下来，待讨论实验结果时进行分析讨论。这样做，对分析问题以及核实情况有利。

实验过程中，除了读取数据外，还应做好下列各项。

① 操作者必须密切注意仪表指示值的变动，随时调节，务必使整个操作过程都在规定条件下进行，尽量减少实验操作条件和规定操作条件之间的差距。操作人员不要擅离岗位。

② 读取数据以后，应立即和前次数据比较，也要和其它有关数据相对照，分析相互关系是否合理。如果发现不合理的情况，应该立即与小组同学研究原因，是自己认识错误还是测定的数据有问题？以便及时发现问题，解决问题。

③ 实验过程中还应注意观察过程现象，特别是发现某些不正常现象时更应抓紧时机，研究产生不正常现象的原因。

④ 实验过程中还应特别注意安全与环保等事项，详见1.2.2节。

实验操作结束时应先关闭有关气源、水源、热源、测试仪表的连通阀门以及电源，然后切断主设备电源，调整各阀门应处的开或关位置状态。

（3）实验数据处理

根据实验的原理和目的，对实验记录的原始数据进行处理和结果的计算，最重要的是明确数据处理的方法和手段，详见本书第2章介绍的化工实验数据处理技术。

（4）编写实验报告

实验报告是实验工作的总结，编写报告是对学生能力的训练，并且也是实验成绩考核的重要依据，因此，学生应独立认真地完成实验报告。实验报告要求文字简明，说理充分，计算正确，图表清晰，书写工整，而且有分析讨论。虽然格式不强求完全一致，但都应包括以下内容。

① 实验题目
② 报告人及其合作者的姓名
③ 实验任务
④ 实验原理
⑤ 实验设备及其流程（图形绘制必须用直尺、曲线板或计算机绘制，不得画草图），简要的操作说明
⑥ 原始记录数据及整理后的数据（列出其中一组数据的计算示例），并列成表格
⑦ 实验结果，用图线或用关系式标出
⑧ 分析讨论（包括对实验结果的估计、误差分析及其问题讨论、实验改进建议等）

（5）实验考核

实验预习、实验操作、回答提问、实验报告都是考核实验平时成绩的重要依据，同时可采用笔试和实验抽做的成绩做权重统计，作为最终的实验成绩。

1.2.2　实验安全与环保注意事项

学生初进化工原理实验室进行实验，为保证人身健康安全、公物财产的正常使用等，还需了解化工实验室所应遵循的安全与环保操作规范。

1.2.2.1　实验室安全操作规范

(1) 电器仪表

① 进实验室时，必须清楚总电闸、分电闸所在处，正确开启。

② 使用仪器时，应注意仪表的规格，所用的规格应满足实验的要求（如交流或直流电表、规格等），同时在使用时也要注意读数是否有连续性等。

③ 实验时不要随意触摸接线处；不得随意拖拉电线；电动机、搅拌器转动时，勿使衣服、头发、手等卷入。

④ 实验结束后，关闭仪器电源和总电闸。

⑤ 电器设备维修时应注意停电作业。

⑥ 对使用高电压、大电流的实验，至少要有 2~3 人进行操作。

(2) 气瓶

① 领用高压气瓶（尤其是可燃、有毒的气体）应先通过感官和其它方法检查有无泄漏，可用皂液（除氧气瓶不可用）等方法查漏，若有泄漏不得使用。若使用中发生泄漏，应先关紧阀门，再由专业人员处理。

② 开启或关闭气阀应缓慢进行，以保护稳压阀和仪器。操作者应侧对气体出口处，在减压阀与钢瓶接口处无泄漏的情况下，应首先打开钢瓶阀，然后调节减压阀。关气时应先关闭钢瓶阀，放尽减压阀中余气，再松开减压阀。

③ 钢瓶内气体不得用尽，压力达到 1.5MPa 时应调换新钢瓶。

④ 搬运或存放钢瓶时，瓶顶稳压阀应带阀保护帽，以防碰坏阀嘴。

⑤ 钢瓶放置应稳固，勿使之受震坠地。

⑥ 禁止把钢瓶放在热源附近，应距热源 80cm 以外，钢瓶温度不得超过 50℃。

⑦ 可燃性气体（如氢气、液化石油气等）钢瓶附近严禁明火。

(3) 化学药品

一切药品瓶上都应粘贴标签；使用化学药品后立即盖好塞子并把药瓶放回原处；用牛角勺取固体药品或用量筒量取液体药品时，必须擦洗干净。在天平上称量固体药品时，应少取药品，并逐渐加到天平托盘上，以免浪费。

特别注意以下几类化学药品的使用。

① 腐蚀性化学药品

a. 强酸对皮肤有腐蚀作用，且会损坏衣物，应特别小心。稀释硫酸时不可把水注入酸中，只能在搅拌下将浓硫酸慢慢地倒入水中。

b. 量取浓酸或类似液体时，只能用量筒，不应用移液管量取。

c. 盛酸瓶用完后，应立即用水将酸瓶冲洗干净。

d. 若酸溅到了身体的某个部位，应用大量水冲洗。

e. 浓氨水及浓硝酸瓶启盖时应特别小心，最好以布或纸覆盖后再启盖。如在炎热的夏季必须先以冷水冷却。

f. 氢氧化钠、氢氧化钾、碳酸钠、碳酸钾等碱性试剂的贮瓶，不可用玻璃塞，只能用橡皮塞或软木塞。

② 有毒化学药品

a. 大多数有机化合物有毒且易燃、易爆、易挥发，所以要注意实验室的通风。

b. 使用有毒的化学药品或在操作中可能产生有毒气体的实验，必须在通风橱内进行。

c. 金属汞是一种剧毒的物质，吸入其蒸气会中毒。若长期吸入汞蒸气，可溶性的汞化合物会产生严重的急性中毒，故使用汞时不能把汞溅泼。如发现溅泼应立即收起，不能回收的应立即用硫黄覆盖。

③ 危险化学药品

a. 易燃和易爆的化学药品应贮存在远离建筑物的地方，贮存室内要备有灭火装置。

b. 易燃液体在实验室里只能用瓶盛装且不得超过 1L，否则就应当用金属容器来盛装；使用时周围不应有明火。

c. 蒸馏易燃液体时，最好不要用火直接加热，装料不得超过 2/3，加热不可太快，避免局部过热。

d. 易燃物质如酒精、苯、甲苯、乙醚、丙酮等在实验桌上如临时使用或暂时放在桌上的，都不能超过 500mL，并且应远离电炉和一切热源。

e. 在明火附近不得用可燃性热溶剂来清洗仪器，应用没有自燃危险的清洗剂来洗涤，或移到没有明火的地方去洗涤。

f. 乙醚长期存放后，常会含有过氧化物，故蒸馏乙醚时不能完全蒸干，应剩余 1/5 体积的乙醚，以免爆炸。

g. 避免金属钠和水接触，钠必须存放在无水的煤油中。

（4）火灾预防

① 在火焰、电加热器或其它热源附近严禁放置易燃物，工作完毕，立即关闭所有热源。

② 灼热的物品不能直接放在实验台上。倾注或使用易燃物时，附近不得有明火。

③ 在蒸发、蒸馏或加热回流易燃液体过程中，实验人员绝对不许擅自离开。不许用明火直接加热，应根据沸点高低分别用水浴、砂浴或油浴加热，并注意室内通风。

④ 如不慎将易燃物倾倒在实验台或地面上，应迅速切断附近的电炉、喷灯等加热源，并用毛巾或抹布将流出的易燃液体吸干，室内立即通风、换气。身上或手上若沾上易燃物时，应立即清洗干净，不得靠近火源。

1.2.2.2 实验室安全事故处理预案

在实验操作过程中，如果安全意识不强，没有规范操作，危险事故有可能随时发生，如火灾、触电、中毒及其它意外事故。一旦发生安全事故，在紧急情况下，应立即采取果断有效的措施。

（1）割伤 取出伤口中的玻璃碎片或其它固体物，然后抹上红药水并包扎。

（2）烫伤 切勿用水冲洗。轻伤涂以烫伤油膏、玉树油、鞣酸油膏或黄色的苦味酸溶液；重伤涂以烫伤油膏后去医院治疗。

（3）试剂灼伤 被酸（或碱）灼伤，应立即用大量水冲洗，然后相应地用饱和碳酸氢钠溶液或 2% 醋酸溶液洗，最后再用水洗。严重时要消毒，拭干后涂以烫伤油膏。

（4）酸（碱）溅入眼内 立刻用大量水冲洗，然后相应地用 1% 碳酸氢钠溶液或 1% 硼酸溶液冲洗，最后再用水冲洗。溴水溅入眼内与酸溅入眼内的处理方法相同。

（5）吸入刺激性或有毒气体　立即到室外呼吸新鲜空气。如有昏迷休克、虚脱或呼吸机能不全者，可人工呼吸，可能时可给予氧气和浓茶、咖啡等。

（6）毒物进入口内

① 腐蚀性毒物：对于强酸或强碱，先饮大量水，然后相应服用氢氧化铝膏、鸡蛋白或醋、酸果汁，再给以牛奶灌注。

② 刺激剂及神经性毒物：先给以适量牛奶或鸡蛋白使之立即冲淡缓和，再给以 15～25mL 1％硫酸铜溶液内服，再用手指伸入咽喉部促使呕吐，然后立即送往医院。

（7）触电

① 应迅速拉下电闸，切断电源，使触电者脱离电源。或戴上橡皮手套穿上胶底鞋或踏干燥木板绝缘后将触电者从电源上拉开。

② 将触电者移至适当地方，解开衣服，必要时进行人工呼吸及心脏按压。并立即找医生处理。

（8）火灾

① 如一旦发生了火灾，应保持沉着镇静，首先切断电源、熄灭所有加热设备，移出附近的可燃物；关闭通风装置，减少空气流通，防止火势蔓延。同时尽快拨打 119 求救。

② 要根据起因和火势选用合适的方法。一般的小火可用湿布、石棉布或砂子覆盖燃烧物即可熄灭。火势较大时应根据具体情况采用下列灭火器。

a. 四氯化碳灭火器　用于扑灭电器内或电器附近着火，但不能在狭小的、通风不良的室内使用（因为四氯化碳在高温时将生成剧毒的光气）。使用时只需开启开关，四氯化碳即会从喷嘴喷出。

b. 二氧化碳灭火器　适用性较广。使用时应注意，一手提灭火器，一手应握在喇叭筒的把手上，而不能握在喇叭筒上（否则易被冻伤）。

c. 泡沫灭火器　火势大时使用，非大火时通常不用，因事后处理较麻烦。使用时将筒身颠倒即可喷出大量二氧化碳泡沫。无论使用何种灭火器，皆应从火的四周开始向中心扑灭。若身上的衣服着火，切勿奔跑，赶快脱下衣服；或用厚的外衣包裹使火熄灭；或用石棉布覆盖着火处；或就地卧倒打滚；或打开附近的自来水冲淋使火熄灭。较严重者应躺在地上（以免火焰烧向头部）用防火毯紧紧包住直至火熄灭。烧伤较重者，立即送往医院。

若个人力量无法有效阻止事故进一步发生，应该立即报告消防队。

1.2.2.3　实验室环保操作规范

① 处理废液、废物时，一般要戴上防护眼镜和橡皮手套。有时要穿防毒服装。处理有刺激性和挥发性废液时，要戴上防毒面具，在通风橱内进行。

② 接触过有毒物质的器皿、滤纸等要收集后集中处理。

③ 废液应根据物质性质的不同分别集中在废液桶内，贴上标签，以便处理。在集中废液时要注意，有些废液不可以混合，如过氧化物和有机物、盐酸等挥发性酸与不挥发性酸、铵盐及挥发性胺与碱等。

④ 实验室内严禁吃食品，离开实验室要洗手，如面部或身体被污染必须清洗。

⑤ 实验室内采用通风、排毒、隔离等安全环保防范措施。

2 化工原理实验数据处理技术

2.1 化工原理实验数据处理基础知识

2.1.1 实验数据的误差分析

在化工原理实验中，由于实验方法和实验设备的不完善、周围环境的影响、人为的观察因素和检测技术及仪表的局限，使得所测物理量的真实值与实验观测值之间，总是存在一定的差异，在数值上表现为误差。所以在整理这些数据时，首先应对实验数据的可靠性进行客观的评定。

误差分析的目的是评判实验数据的精确性和可靠性。通过误差分析，可以弄清误差的来源及其对所测数据准确性的影响大小，排除个别无效数据，从而得到正确的实验数据或结论；还可以进一步指导改进实验方案，从而提高实验的精确性。

2.1.1.1 实验数据误差的来源、分类及差别判别

误差是实验测量值（包括间接测量值）与真值（客观存在的准确值）之间的差别，根据误差的数理统计性质和产生的原因不同，可将其分为三类。

（1）系统误差

由于测量仪器不良，如刻度不准，零点未校准；或测量环境不标准，如温度、压力、风速等偏离校准值；实验人员的习惯和偏向等因素所引起的系统误差。这类误差在一系列测量中，大小和符号不变或有固定的规律，经过精确的校正可以消除。

（2）随机误差

由一些不易控制的因素所引起的误差，如测量值的波动、肉眼观察欠准确等。这类误差在一系列测量中的数值和符号是不确定的，而且是无法消除的，但它服从统计规律，也是可以认识的。其判别方法是：在相同条件下，观测值变化无常，但误差的绝对值不会超过一定界限；绝对值小的误差比绝对值大的误差出现的次数要多，近于零的误差出现的次数最多，正、负误差出现的次数几乎相等，误差的算术均值随观测次数的增加而趋于零。

（3）过失误差

主要是实验人员粗心大意，如读错数据、记录错误或操作失误所致。这类数据往往与真

实值相差很大，应在整理数据时予以剔除。

2.1.1.2　实验数据的精密度、正确度与精确度

（1）精密度

在测量中所测得的数值重现的程度，称为精密度。精密度高则随机误差小。如果实验的相对误差为 0.01% 且误差由随机误差引起，则可以认为精密度为 10^{-4}。

（2）正确度

指在规定条件下，测量中所有系统误差的综合。正确度高则系统误差小。如果实验的相对误差为 0.01% 且误差由系统误差引起，则可以认为正确度为 10^{-4}。

（3）精确度

表示测量值与真值接近的程度，为测量中所有系统误差和随机误差的综合。若实验的相对误差为 0.01% 且误差由系统误差和随机误差共同引起，则可以认为精确度为 10^{-4}。

对于实验和测量来说，精密度高，正确度不一定高；正确度高，精密度也不一定高。但当精确度高时，则精密度与正确度都高。

图 2.1 表示了精密度、正确度和精确度的含义。A 的系统误差小而随机误差大，即正确度高而精密度低；B 的系统误差大而随机误差小，即正确度低而精密度高；C 的系统误差与随机误差都小，表示正确度和精密度都高，即精确度高。

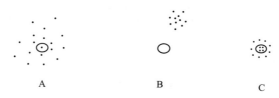

图 2.1　精密度、正确度和精确度的含义示意图

2.1.1.3　实验数据的有效数字与计数法

（1）有效数字

在实验中，无论是直接测量的数据还是计算结果，总是以一定位数的数字表示。实验数据的有效位数是由测量仪表的精度决定的。一般应记录到仪表最小刻度的十分之一位。例如：某液面计标尺的最小分度为 1mm，则读数可以到 0.1mm。如在测定时液位高在刻度 323mm 与 324mm 的中间，则应记液面高为 323.5mm，其中前三位是直接读出的，是准确的，最后一位是估计的，是欠准的，该数据为 4 位有效数。如液位恰在 323mm 刻度上，该数据应记为 323.0mm，若记为 323mm，则失去一位（末位）欠准数字，从而降低了数据的精度。总之，有效实验数据的末尾只能有一位可疑数字。

（2）科学记数法

在科学与工程中，为了清楚地表达有效数字或数据的精度，通常将有效数字写出并在第一位数后加小数点，而数值的数量级由 10 的整数幂来确定，这种以 10 的整数幂来记数的方法称科学记数法。例如：0.0088 应记为 8.8×10^{-3}，88000（有效数 3 位）记为 8.80×10^4。应注意，科学记数法中 10 的整数幂之前的数字应全部为有效数字。

（3）有效数字的运算

① 加法和减法。有效数相加或相减，其和或差的位数应与其中位数最少的有效数字相同。例如，在传热实验中，测得水的进出口温度分别为 30.2℃和 45.36℃，为了确定水的定性温度，须计算两温度之和：

$$30.2+45.36=75.56≈75.6(℃)$$

由该例可以看出，由于计算结果有两位可疑数字，而按照有效数字的定义只能保留一位，第二位可疑数字应按四舍五入法舍弃。

② 乘法和除法。有效数的乘积或商，其位数应与各乘、除数中位数最少的相同。

③ 乘方和开方。乘方或开方后的有效数字位数应与其底数位数相同。

④ 对数运算。对数的有效数字位数应与真数相同。

⑤ 在四个数以上的平均值计算中，平均值的有效数字可较各数据中最小有效位数多一位。

⑥ 所有取自手册上的数据，其有效数按计算需要选取，但原始数据如有限制，则应服从原始数据。

⑦ 一般在工程计算中取三位有效数字已足够精确，在科学研究中根据需要和仪器的可能，可以取到四位有效数字。

2.1.1.4 实验数据的真值与平均值

（1）真值

真值是指某物理量客观存在的确定值，它通常是未知的。虽然真值是一个理想的概念，但对某一物理量经过无限多次的测量，出现的误差有正有负，而正负误差出现的概率是相同的。因此，若不存在系统误差，它们的平均值相当接近于这一物理量的真值。故真值等于测量次数无限多时得到的算术平均值。由于实验工作中观测的次数是有限的，由此得出的平均值只能近似于真值，故称这个平均值为最佳值。

（2）平均值

化工中常用的平均值有算术平均值、均方根平均值、几何平均值和对数平均值。

① 算术平均值 x_m。设 x_1，x_2，…，x_n 为各次测量值，n 为测量次数，则算术平均值为

$$x_m = \frac{x_1 + x_2 + \cdots + x_n}{n} = \frac{1}{n}\sum_{i=1}^{n} x_i$$

算术平均值是最常用的一种平均值，因为测定值的误差分布一般服从正态分布，可以证明算术平均值即为一组等精度测量的最佳值或最可信赖值。

② 均方根平均值 x_s 的计算公式为

$$x_s = \sqrt{\frac{x_1^2 + x_2^2 + \cdots + x_n^2}{n}} = \sqrt{\frac{\sum_{i=1}^{n} x_i^2}{n}}$$

③ 几何平均值 x_c 的计算公式为

$$x_c = \sqrt[n]{x_1 x_2 \cdots x_n}$$

④ 对数平均值 x_1 的计算公式为

$$x_1 = \frac{x_1 - x_2}{\ln \dfrac{x_1}{x_2}}$$

对数平均值多用于热量和质量传递中，当 $x_1/x_2 < 2$ 时，可用算术平均值代替对数平均值，引起的误差不超过 4.4%。

以上介绍的各类平均值，目的是要从一组测量值当中找出最接近量值的真值。从上可知，平均值的选择主要取决于一组测量值分布的类型。在化工实验和科学研究中，数据的分布多属于正态分布，故多采用算术平均值。

2.1.1.5 误差的表示方法

（1）绝对误差

测量值与真值之差的绝对值称为测量值的误差，即绝对误差。在实际工作中常以最佳值代替真值，测量值与最佳值之差称为残余误差，习惯上也称为绝对误差。

设测量值用 x 表示，真值用 X 表示，则绝对误差 D 为

$$D = |X - x|$$

如在实验中对物理量的测量只进行了一次，可根据测量仪器出厂鉴定书注明的误差，或取测量仪器最小刻度值的一半作为单次测量的误差。如某压力表精（确）度为 1.5 级，即表明该仪表最大误差为相当档次最大量程的 1.5%，若最大量程为 0.4MPa，则该压力表的最大误差为

$$0.4\text{MPa} \times 1.5\% = 0.006\text{MPa}$$

化工原理实验中最常用的 U 形管压差计、转子流量计、秒表、量筒等仪表原则上均取其最小刻度值为最大误差，而取其最小刻度值的一半作为绝对误差计算值。

（2）相对误差

绝对误差 D 与真值的绝对值之比，称为相对误差。

$$e = \frac{D}{|X|} \times 100\%$$

式中，真值 X 一般为未知，用平均值代替。

（3）算术平均误差

算术平均误差的定义为

$$\delta = \frac{\sum |x_i - \bar{x}|}{n} = \frac{\sum d_i}{n}$$

式中　n——测量次数；

$\quad\quad x_i$——测量值，$i = 1, 2, 3, \cdots, n$；

$\quad\quad d_i$——测量值与算术平均值 x 之差的绝对值，$d_i = |x_i - \bar{x}|$。

（4）标准误差（均方误差）

对有限测量次数，标准误差表示为

$$\sigma = \sqrt{\frac{\sum d_i^2}{n-1}}$$

标准误差是目前最常用的一种表示精确度的方法，它不但与一系列测量值中的每个数据有关，而且对其中较大的误差或较小的误差敏感性很强，能较好地反映实验数据的精确度，实验愈精确，其标准误差愈小。

2.1.2 实验数据的处理方法

在整个实验过程中实验数据处理是一个重要的环节。它的目的是使人们清楚地观察到各变量之间的定量关系，以便进一步分析实验现象，得出规律，指导生产设计。

数据处理有以下三种方法。

① 列表法　将实验数据制成表格。它显示了各变量之间的对应关系，反映变量之间的变化规律，这仅是数据处理过程前期的工作，为随后的曲线标绘或函数关系拟合作准备。

② 图示法　将实验数据在坐标纸上绘成曲线，不仅可以直观而清晰地表达出各变量之间的相互关系，分析极值点、转折点、变化率及其它特性，便于比较，而且可以根据曲线得出相应的方程式；某些精确的图形还可用于未知数学表达式情况下进行图解积分和微分。

③ 数学模型法　采用适当的数学方法，最常用的是借助于最小二乘法将实验数据进行统计处理，得出最大限度地符合实验数据的拟合方程式，并判断拟合方程的有效性。

2.1.2.1 实验数据的列表表示法

实验数据的初步整理是列表。实验数据表分为记录表和结果综合表两类。记录表分原始数据记录表、中间和最终计算结果记录表。它们是一种专门的表格。实验原始数据记录表是根据实验内容设计的，必须在实验正式开始之前列出如下表格。

直管管长：_____m　　　　　阀门局部阻力：_____

直管管径：_____mm　　　　涡轮流量计系数：_____s/L

温度：_____℃

序号	涡轮流量计频率 f	测直管阻力 U 形管压差计读数/mm		测局部阻力 U 形管压差计读数/mm	
		左	右	左	右
1					
2					
3					
...					

在实验过程中完成一组实验数据的测试，必须及时地将有关数据记录表内，当实验完成时得到一张完整的原始数据记录表。运算表格有助于进行运算，不易混淆，如流体流动阻力的运算表格为：

序号	流速/(m/s)	$Re\times10^{-4}$	直管压差 $\Delta p_{L}/(N/m^2)$	局部压差 $\Delta p_{P}/(N/m^2)$	直管阻力 /(J/kg)	局部阻力 /(J/kg)	摩擦系数 $\times10^2$	阻力系数
1								
2								
3								
...								

实验结果表反映了变量之间的依从关系，表达实验过程中得出的结论。该表应该简明扼

要，只包括所研究关系的数据。如流体阻力实验的 λ 与 Re、ζ 与 Re 的综合表：

序号	直管阻力		局部阻力	
	$Re \times 10^{-4}$	$\lambda \times 10^2$	$Re \times 10^{-4}$	ζ
1				
2				
3				
...				

列表注意事项：

① 表头列出变量名称、单位。计量单位不宜混在数字之中，以免分辨不清。

② 记录数字要注意有效位数，要与测量仪表的精确度相适应。

③ 数字较大或较小时要用科学记数法，将 $10^{\pm n}$ 记入表头，注意：参数 $\times 10^{\pm n}$ = 表中数据。

④ 科学实验中，记录表格要正规，原始数据要整齐、规范。

2.1.2.2 实验数据的图示法

表示实验中各变量关系最通常的方法是将离散的实验数据或计算结果标绘在坐标纸上，用"圆滑"的方法将各数据点用直线或曲线连接起来，从而直观反映出因变量和自变量之间的关系。根据图中曲线的形状，可以分析和判断变量间函数关系的极值点、转折点、变化率及其它特性，还可对不同条件下的实验结果进行直接比较。

应用图示法时经常遇到的问题是怎样选择适当的坐标纸和如何合理地确定坐标分度。

（1）坐标纸的选择

化工中常用的坐标有直角坐标、对数坐标和半对数坐标，市场上有相应的坐标纸出售。

坐标纸的选择一般是根据变量数据的关系或预测的变量函数形式来确定，其原则是尽量使变量数据的函数关系接近直线。这样，可使数据处理工作相对容易。

① 直线关系：变量间的函数关系形如 $y = a + bx$，选用直角坐标纸。

② 指数函数关系：形如 $y = a^{bx}$，选用半对数坐标纸，因 $\lg y$ 与 x 呈直线关系。

③ 幂函数关系：形如 $y = ax^b$，选用对数坐标纸，因 $\lg y$ 与 $\lg x$ 呈直线关系。

另外，若自变量和因变量两者均在较大的数量级范围内变化，亦可采用对数坐标；其中任何一变量的变化范围较另一变量的变化范围大若干数量级，则宜选用半对数坐标纸。

（2）对数坐标的特点

对数坐标的特点是某点的坐标示值是该点的变量数值，但纵、横坐标至原点的距离却是该点相应坐标变量数值的对数值。例如：对数坐标中某点的坐标为（6，8），该点的横坐标至原点的距离为 $\lg 6 = 0.78$，纵坐标至原点的距离为 $\lg 8 = 0.9$。因此，在对数坐标中，直线的斜率 k 应为

$$k = \lg \alpha = \frac{\lg y_2 - \lg y_1}{\lg x_2 - \lg x_1}$$

式中，(x_1, y_1) 和 (x_2, y_2) 为直线上任意两点的坐标值。

在对数坐标上，1、10、100、1000 等之间的实际距离是相同的。因为上述各数相应的对数值分别为 0、1、2、3 等。

（3）图示法中的曲线化直

在用图示法表示两变量之间的关系时，人们总希望根据实验数据曲线得到变量间的函数关系式。如果因变量 y 与自变量 x 之间呈直线关系：$y = a + bx$，则根据图示直线的截距和斜率求得 b 和 a，即可确定 y 和 x 之间的直线函数方程。

如果 y 和 x 间不是线性关系，则可将实验变量关系曲线与典型的函数曲线相对照，选择与实验曲线相似的典型曲线函数形式，应用曲线化直方法，将实验曲线处理成直线，从而确定其函数关系。

直线化方法就是将函数 $y = f(x)$ 转化成线性函数 $Y = A + BX$，其中 $X = \phi(x, y)$，$Y = \psi(x, y)$。ϕ、ψ 为已知函数。由已知的 x_i 和 y_i，按 $Y_i = \psi(x_i, y_i)$，$X_i = \phi(x_i, y_i)$ 求得 Y_i 和 X_i，然后将 Y_i、X_i 在普通直角坐标上标绘，如得到一直线，即可定系数 A 和 B，并求得 $y = f(x)$。

如 $Y_i = f'(X_i)$ 偏离直线，则应重新选定 $Y = \psi'(x, y)$，$X = \phi'(x, y)$，直至 Y-X 为直线关系为止。一些常见函数的直线化方法如下。

① 幂函数 $y = ax^b$

令 $X = \lg x$，$Y = \lg y$，则得直线化方程 $Y = \lg a + bX$。

② 幂函数 $y = ax^b + c$

令 $X = \lg x$，$Y = \lg(y - c)$，则 $Y = \lg a + bX$。

③ 指数函数 $y = a e^{bx}$

令 $X = x$，$Y = \ln y$，得直线化方程 $Y = \ln a + bX$。

④ 对数函数 $y = a + b \lg x$

令 $X = \lg x$，$Y = y$，则 $Y = a + bX$。

所以，指数函数与对数函数都可以在半对数坐标纸上标绘得一直线。

2.1.2.3 数学模型法

数学模型法又称为公式法或函数法，亦即用一个或一组函数方程式来描述过程变量之间的关系。就数学模型而言，可以是纯经验的，也可以是半经验的或理论的。选择的模型方程好与差取决于研究者的理论知识基础与经验。无论是经验模型抑或理论模型，都会包含一个或几个选定系数，即模型参数。采用适当的数学方法，对模型函数方程中参数估值并确定所估参数的可靠程度，是数据处理中的重要内容。对于该部分内容，读者可参阅相关书籍。

2.2 Excel 在化工原理实验数据处理中的应用

Excel 是 Office 套件的重要组件之一，也是目前最易用和功能强大的电子数据处理软件之一，由于其强大的数据处理、统计和分析功能，在财务、金融、统计等领域得到了广泛的应用。

在化工数据处理中，利用 Excel 的简单数据计算和拟合功能可以处理很多化工数据处理问题。

2.2.1 生成图表

【**例 1**】已知流体流动阻力测定实验数据如表 2.1 所示，由 Excel 生成点线图。

表 2.1 流体流动阻力测定实验数据

Re（雷诺数）	λ（摩擦系数）	Re（雷诺数）	λ（摩擦系数）
20971	0.0217	67664	0.01607
32937	0.0196	80107	0.01592
44600	0.0175	98476	0.01587
55670	0.01734	105428	0.0159

Excel 生成点线图的操作步骤如下：

① 将实验数据输入 Excel 表中，见图 2.2。

② 选中两列数据，点击功能区的"插入"选项卡，在图表区（如图 2.3 所示）选择"散点图"，打开下拉列表（如图 2.4 所示），选择其中一个命令"带直线和数据标记的散点图"，会直接弹出绘制出的图形，如图 2.5 所示。

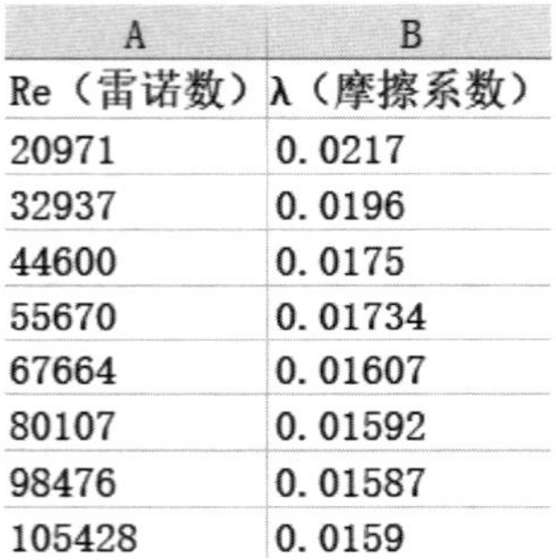

A	B
Re（雷诺数）	**λ（摩擦系数）**
20971	0.0217
32937	0.0196
44600	0.0175
55670	0.01734
67664	0.01607
80107	0.01592
98476	0.01587
105428	0.0159

图 2.2　数据输入

图 2.3　图表功能区

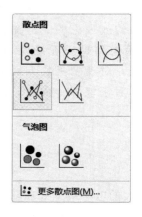

图 2.4　"散点图"下拉列表

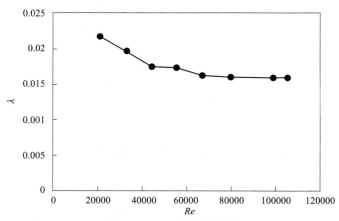

图 2.5　λ-Re 的关系曲线

2.2.2 数据拟合

本书后面介绍了使用 Origin 对实验数据进行拟合的方法，但是要对一些实验数据进行简单拟合，则可以使用 Excel 软件以更为方便、快速地获得结果。

【例 2】已知过滤常数测定实验数据如表 2.2 所示，以 q 为横坐标，$\Delta\tau/\Delta q$ 为纵坐标绘图，拟合成直线，由直线斜率和截距值求算出 K 和 q_e。

表 2.2　过滤常数测定实验数据

τ	q	$\Delta\tau/\Delta q$
30.65	0.010116	3029.923
60.51	0.017282	3501.395
90.53	0.024016	3769.531
120.48	0.030389	3964.586
150.48	0.036651	4105.807
180.5	0.042439	4253.172
211.72	0.048172	4395.116
240.5	0.053334	4509.328
270.51	0.058649	4612.34
300.48	0.063644	4721.228
330.85	0.068626	4821.072
360.56	0.073315	4917.959
390.53	0.077879	5014.581
420.5	0.082318	5108.265
450.58	0.086798	5191.132

Excel 的操作步骤如下：

① 将实验数据 q 列和 $\Delta\tau/\Delta q$ 列输入 Excel 表中，见图 2.6。

② 选中需要拟合的两列数据，点击功能区的"插入"选项卡，在图表区选择"散点图"，打开下拉列表（如图 2.7 所示），选择其中一个命令"仅带数据标记的散点图"，会直接弹出绘制出的图形，如图 2.8 所示。

③ 在图形界面中选中数据点，点击右键打开右键菜单，点击"添加趋势线"命令，弹出"设置趋势线格式"对话框。本例中根据数据趋势选择"线性"，勾选"显示公式"和"显示 R 平方值"，会自动在图形中添加趋势线和相关公式、决定系数（R^2），如图 2.9 所示。最终得到的拟合公式和趋势线如图 2.10 所示。

其中，当 R^2 越接近 1 时，表示相关的方程式参考价值越高；相反，越接近 0 时，表示参考价值越低。

由于斜率为 $2/K=25395$，故 $K=7.88\times10^{-5}$；截距为 $2q_e/K=3084.6$ 得 $q_e=0.1215$。

B	C
q	Δτ/Δq
0.010116	3029.923
0.017282	3501.395
0.024016	3769.531
0.030389	3964.586
0.036651	4105.807
0.042439	4253.172
0.048172	4395.116
0.053334	4509.328
0.058649	4612.34
0.063644	4721.228
0.068626	4821.072
0.073315	4917.959
0.077879	5014.581
0.082318	5108.265
0.086798	5191.132

图 2.6 数据输入

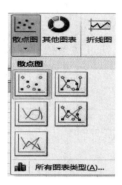

图 2.7 "散点图"下拉列表

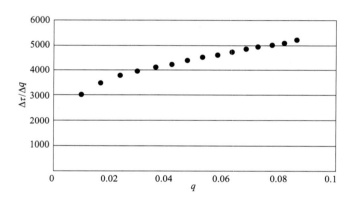

图 2.8 初步绘制的图形

图 2.9 "设置趋势线格式"对话框

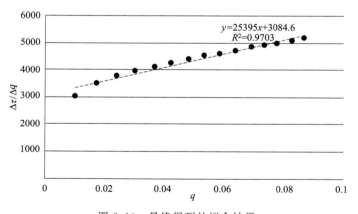

图 2.10 最终得到的拟合结果

2.3　MATLAB 在化工原理实验数据处理中的应用

2.3.1　MATLAB 概述

MATLAB 是美国 Mathworks 公司 1984 年推向市场的数学软件，历经十几年的发展，现已成为国际公认的最优秀的科技应用软件之一，作为一种强大的科学计算工具，已受到各专业人员的广泛重视。MATLAB 既是一种直观、高效的计算机语言，同时又是一个科学计算平台。根据它提供的数学和工程函数，工程技术人员和科学工作者可以在它的集成环境中完成各自的计算，该软件有如下几大特点。

（1）编程效率高

它是一种面向科学与工程计算的高级语言，既可以直接调用现存大量的 MATLAB 函数，也允许用数学形式的语言编写程序，接近我们书写计算公式的思维方式。具有程序容易维护、编程效率高、易学易懂等特点。另外，还提供了与其它面向对象的高级语言（如 VC、VB 等）进行混合编程的接口。

（2）用户使用方便

MATLAB 语言灵活、方便，其调试程序手段丰富，调试速度快，需要学习时间少。MATLAB 语言编辑、编译、连接和执行融为一体。它能在同一画面上进行灵活操作，快速排除输入程序中的书写错误、语法错误以至语意错误，从而加快了用户编写、修改和调试程序的速度。MATLAB 语言不仅是一种语言，更是一个语言调试系统。

（3）用途多样

MATLAB 可以进行数值计算和符号运算、数据分析与处理、工程与科学绘图、统计分析、图形界面设计、建模和仿真、信号处理、神经网络、模拟分析、控制系统、弧线分析、最佳化、模糊逻辑、化学计量分析等。

（4）矩阵和数组运算

MATLAB 的核心是有一个对矩阵进行快速解释的程序，可以处理不同类型的向量和矩阵。像其它高级语言一样规定了矩阵的算术运算符、关系运算符、逻辑运算符、条件运算符及赋值运算符，而且这些运算符大部分可以毫无改变地照搬到数组间的运算。另外，它不需要定义数组的维数，并给出矩阵函数、特殊矩阵专门的库函数，使之在求解诸如信号处理、建模、系统识别、控制、优化等领域的问题时，显得大为简捷、高效、方便。

（5）绘图功能

MATLAB 的绘图十分方便，它有一系列绘图函数，例如线性坐标、对数坐标，半对数坐标及极坐标，均只需调用不同的绘图函数，在图上标出图题、xy 轴标注，格（栅）绘制也只需调用相应的命令，简单易行。另外，在调用绘图函数时调整自变量可绘出不变颜色的点、线、复线或多重线。这些方面是其它高级编程语言所不及的。

在设计研究单位和工业部门，MATLAB 已经成为研究和解决各种具体工程问题的一种通用软件。本节主要内容包括：MATLAB 的矩阵的创建及基本运算、数据分析与处理，工程与科学绘图、统计分析、曲线拟合与插值方面的知识，以满足化工原理实验数据处理的要求。

2.3.2 MATLAB 的矩阵的创建及基本运算

MATLAB 的向量和矩阵是 MATLAB 的基本运算单元，是定义在复数基础之上的。在对 MATLAB 的数组和矩阵进行运算之前，首先要创建向量和矩阵。可以通过以下几种形式创建矩阵 **P**。

2.3.2.1 MATLAB 的矩阵的快速创建

（1）直接输入法
输入语句
p＝[10,20,30,40,50;60,70,80,90,100;110,120,130,140,150]
或
p＝[10,20,30,40,50
    60,70,80,90,100
    110,120,130,140,150]
执行结果均为：
p＝10   20   30   40   50
    60   70   80   90   100
    110   120   130   140   150

该方法比较适合于较小而简单的数组和矩阵，直接从键盘输入一系列元素生成数组和矩阵。输入要求为：数组和矩阵每行的元素之间必须用空格或逗号隔开；在矩阵中采用分号或回车表示每一行的结束；整个数组和矩阵必须包含在方括弧中。
输入语句为：p＝[−1.2 sqrt(5)(1+3+5)/5 * 4]   ％用任意表达式作元素
执行结果为：
    p＝−1.2000   2.2361   7.2000
输入语句为：a＝5；b＝20/78；
            C＝[1,12 * a+i * b,b;sin(pi/2),a+2 * b,3.5+i]
执行结果为：
C＝1.0000   60.0000＋0.2564i   0.2564
    1.0000   5.5128   3.5000＋1.0000i
％输入复数矩阵
（2）在 M 文件中创建
在新建立的 M 文件中创建，输入语句为：
p＝[10,20,30,40,50;60,70,80,90,100;110,120,130,140,150]，如图 2.11 所示。
然后存盘取名为 P.m 文件，再在 MATLAB 工作窗口输入 P，则可显示出 M 文件中定义的 P 矩阵。
（3）利用 MATLAB 提供的函数命令创建
利用 MATLAB 提供的函数命令可以创建和生成矩阵，如：
zeros(n,m)   ％生成 n 行 m 列元素都为 0 的矩阵

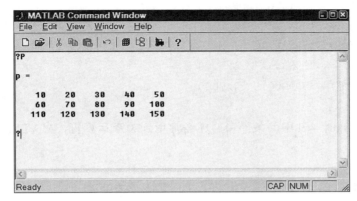

图 2.11 在 M 文件中创建矩阵

ones(n,m)	%生成 n 行 m 列元素都为 1 的矩阵
rand(n,m)	%生成 n 行 m 列元素在 0~1 之间均匀分布的随机矩阵
randn(n,m)	%生成 n 行 m 列元素为正态随机分布的矩阵
eye(n)	%生成 n 阶单位矩阵
magic(n)	%生成 n 阶魔方矩阵

如，要创建 2 行 3 列的元素都为 0 的矩阵。输入：a＝zeros(2,3)

执行结果为：a＝0　　　0　　　0

　　　　　　　　0　　　0　　　0

2.3.2.2　MATLAB 矩阵的运算

MATLAB 矩阵的运算可以分为关系运算和逻辑运算，其优先级为：算术运算＞关系运算＞逻辑运算。

（1）算术运算

设有矩阵 A 和 B，及常数 p，有如下常见算术运算：

A＋p	%矩阵中每个元素加常数 p
A＊P	%矩阵中每个元素乘以常数 p
A＋B	%矩阵 A 和 B 相加
A＊B	%矩阵 A 和 B 相乘
A.＊B	%矩阵 A 和 B 中对应元素相乘
A./B	%矩阵 A 和 B 中对应元素相除
A.^B	%矩阵 B 中每个作为 A 中对应元素幂次

如定义矩阵 A、B 和 C。

A＝[10,20,50;60,70,80];

B＝[2,3;4,6;8,9];

C＝[5,6,2;1,2,4];

则 A＊B＝

　　　500　　　　　600

```
              1040          1320
A. * C＝50    120   100
              60    140   320
A. /C＝2.0000      3.3333      25.0000
       60.0000     35.0000     20.0000
```

（2）关系运算

在进行程序设计时，其中的条件和循环经常用到关系运算符，MATLAB 提供了如下几种关系运算：

＜	小于	＞	大于
≤	小于或等于	≥	大于或等于
＝	等于	≠	不等于

如输入：A＝[0,20,50;60,70,80]；B＝[5,6,2;1,2,4]；A＞B

```
ans＝0    1    1
     1    1    1
```

（3）逻辑运算

在进行程序设计时，也经常会用到逻辑运算，MATLAB 提供了以下 4 种逻辑运算符：

& 与， | 或，～ 非，XOR 逻辑异或

当表达式为真值时，返回 1，否则返回 0。

如输入：

```
A＝[0 20 2;60 0 80]；
B＝[1 0 6 ;1 2 4]；
A&B
ans＝0    0    1
     1    0    1
A｜B
ans＝1    1    1
     1    1    1
～A
ans＝1    0    0
     0    1    0
```

MATLAB 里还提供了一些逻辑运算函数，以下为几种常见的函数：

all（A）只要向量 A 中有一个非 0 元素，结果就为 1，否则结果为 0；

any（A）只有当向量 A 中的元素全为 0 时，结果才为 1，否则结果为 0；

logical（A）将数字值转换成逻辑值；

isefinite（x）判断向量是否全为空；

isletter（x）对应 x 中英文字母元素的位置取 1，其余元素取 0；

2.3.2.3　程序流程控制语句

MATLAB 提供三种控制流结构。它们是：if-else-end 结构，for 循环和 while 循环。这

些结构经常包含大量的 MATLAB 命令，这些命令会按照控制流结构语句执行。

（1）if 语句

一般格式：

```
if 逻辑表达关系式
    程序语句
elseif 逻辑表达关系式
    程序语句
else
    程序语句
 end
```

以上为具有 3 条路径的 if-elseif-else-end 结构，仅执行逻辑表达关系式为真或非零的一组命令。若表达式为假或零，则执行另一组命令。表达式中"elseif 逻辑表达关系式"根据具体情况设定，数量上没有限制，也可以没有；另外"else 程序语句"也可以省略。

（2）for 循环

一般形式是：

```
for   循环变量＝初值：步长：终值
        循环程序语句
        end
```

For 循环让一组命令以预定的次数重复执行。

例如：

```
for n＝1：2：4
            x(n)＝cos(n * pi/10)
    end
x＝
    0.9511
x＝
    0.9511          0    0.5878
```

注意：尽量使用向量替代 for 循环，可大大提高运算速度。

（3）while 循环

while 循环的一般形式是：

```
while   条件表达关系式
        循环程序语句
        end
```

如：

```
n＝0；r＝5
while   (0.2＋r) ＞1.5
        r＝r/2；
        n＝n＋1
end
```

r＝

　　5

n＝

　　1

n＝

　　2

2.3.3 数据计算与图像处理

由于 MATLAB 的核心是有一个对矩阵进行快速运算的程序，可以处理不同类型的向量和矩阵，能很容易对数据集合进行统计分析。可以把数据集存储在矩阵的列里面，可以对数据进行统计和分析处理，MATLAB 作为科学工程计算工具，在该方面的功能是非常强大的。MATLAB 自带的常用数学基本函数、数据统计分析函数和绘图函数，为进行实验测试数据的计算、统计和分析提供了快捷的途径。

2.3.3.1 常用数学函数

MATLAB 常用数学函数可以实现数据的快速计算，可以概括如下（表 2.3～表 2.5）。

表 2.3　三角函数和双曲函数

名称	含义	名称	含义	名称	含义
sin	正弦	csc	余割	atanh	反双曲正切
cos	余弦	asec	反正割	acoth	反双曲余切
tan	正切	acsc	反余割	sech	双曲正割
cot	余切	sinh	双曲正弦	csch	双曲余割
asin	反正弦	cosh	双曲余弦	asech	反双曲正割
acos	反余弦	tanh	双曲正切	acsch	反双曲余割
atan	反正切	coth	双曲余切		

表 2.4　指数函数

名称	含义	名称	含义	名称	含义
exp	e 为底的指数	log10	10 为底的对数	pow2	2 的幂
log	自然对数	log2	2 为底的对数	sqrt	平方根

表 2.5　矩阵变换函数

名称	含义	名称	含义
fiplr	矩阵左右翻转	diag	产生或提取对角阵
fipud	矩阵上下翻转	tril	产生下三角
fipdim	矩阵特定维翻转	triu	产生上三角
Rot90	矩阵反时针 90°翻转		

2.3.3.2 数据统计函数

MATLAB 的数据分析是按面向列矩阵而进行的，不同的变量存储在各列中，而每行表示每个变量的不同观察。很多数据可以通过 MATLAB 统计函数实现快速处理。MATLAB 数据统计函数如表 2.6 所示。

表 2.6　数据统计函数

名称	含义	名称	含义
corrcoef(x)	求相关系数	diff(x)	计算元素之间差
cov(x)	协方差矩阵	dot(x,y)	向量的点积
cplxpair(x)	把向量分类为复共轭对	gradient(Z,dx,dy)	近似梯度
cross(x,y)	向量的向量积	histogram(x)	直方图和棒图
cumprod(x)	列累计积	max(x)	最大分量
cumsum(x)	列累计和	mean(x)	均值或列的平均值
del2(A)	五点离散拉氏算子	sort(x)	按升序排列
min(x)	最小分量	std(x)	列的标准偏差
median(x)	列的中值	subspace(A,B)	两个子空间之间的夹角
norm	欧氏(Euclidean)长度	sum(x)	各列元素之和
length	个数	rand(x)	均匀分布随机数
prod(x)	列元素的积	randn(x)	正态分布随机数

2.3.3.3　常用绘图函数

常用绘图函数、绘图标注命令及基本线型和颜色符号见表 2.7～表 2.9。

表 2.7　常用绘图函数

常用绘图命令	含义
plot(x,y,'.-')	在二维坐标绘制函数曲线图
plot(x1,y1,x2,y2,…)	在同一二维坐标绘制函数多条曲线图
fplot(y,[a,b])	连续函数 y 在区间 $[a,b]$ 上绘制曲线图
plotyy(X,Y,X,Y,'function1','function2')	把函数值具有不同量纲、不同数量级的两个函数绘制在同一坐标中
subplot(m,n,p)	分块绘图,分割成 m 行 n 列,第 p 个图
polar(t,r)	用极坐标绘制曲线图
hold on(off)	保持(删除)当前图形
grid on(off)	在当前图形中添加(去掉)网格
zoom on(off)	允许(不允许)图形缩放
clf	删除图形
fill	填充二维坐标中的二维图形
patch	填充二维或三维坐标中的二维图形
axis([xmin,xmax,ymin,ymax])	确定坐标系范围
axis('equal')	各坐标轴刻度增量相同
ginput(n)	用鼠标获取图形中的 n 个点的坐标
[x,y,z]=meshgrid(x,y,z)	三维网格坐标的生成

表 2.8　绘图标注命令

绘图标注命令	含义
xlable('x 轴')	在 x 轴加标志"x 轴"
ylable('y 轴')	在 y 轴加标志"y 轴"
zlable('z 轴')	在 z 轴加标志"z 轴"
Legend('y=f(x)')	为图形添加注解
title()	加图名"f 曲线图"
text(x,y,'文本')	在指定的位置添加文本
gtext('文本')	用鼠标在图形上放置文本

表 2.9　基本线型和颜色符号

符号	颜色	符号	线型
y	黄色	-	实线
m	紫色	:	点线
c	青色	-.	点划线
r	红色	- -	虚线
g	绿色		
b	蓝色		
w	白色		
k	黑色		

2.3.3.4　平面二维曲线图形的绘制

plot 命令格式绘图。

【例 3】输入程序为：

t＝0：0.02：6；　　％以步长 0.02 取点

y＝sin（t）;

plot（t，y）;

可绘制 0＜t＜6 时，函数 $y=\sin(t)$ 曲线图，执行命令，自动绘图如图 2.12 所示。

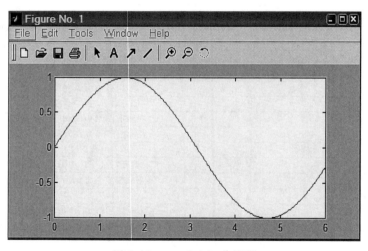

图 2.12　$y=\sin(t)$ 曲线图

若继续输入程序为：

hold on

Y＝sin（5＊t）;

plot（t，Y，'g'）;

执行命令，绘图如图 2.13 所示。

保持原来图形不变，并在该窗口上再绘制其它曲线图，而 plot（x1，y1，x2，y2，…）是同时在同一窗口绘制多条曲线，其中颜色选项参数"g"表示绿色。参考表 2.9 基本线型和颜色符号。

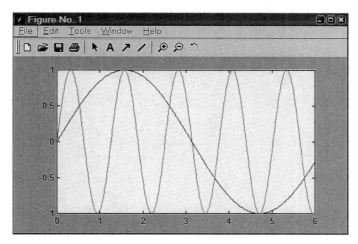

图 2.13　$y=\sin(5*t)$ 和 $y=\sin(t)$ 曲线图

若再继续输入：

xlabel（'输入自变量'）；

ylabel（'函数值'）；

title（'这是一个函数曲线图'）；

进行 x 轴注解和 y 轴注解及图形标题。执行命令，绘图如图 2.14 所示。

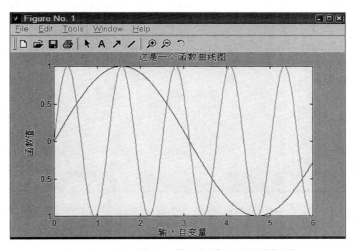

图 2.14　对 x 轴和 y 轴注解并显示图形标题

若再继续输入：

legend（'y$=$sin(t)'）

grid on

为图形添加注解与显示格线，执行命令。绘图如图 2.15 所示。

【**例 4**】若输入命令：

t$=$0：0.02：6；

y$=$sin(t)；

plot(t,y,′r:′)

axis([0,5,-1,1])

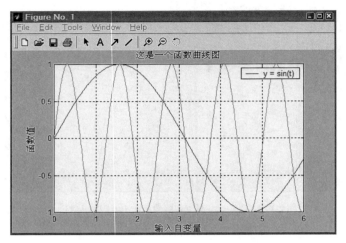

图 2.15 为图形添加注解与显示格线

用 axis([xmin,xmax,ymin,ymax]) 函数来调整图轴的范围。执行命令，绘图如图 2.16 所示。

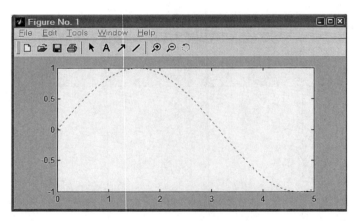

图 2.16 用 axis([xmin,xmax,ymin,ymax]) 函数来调整图轴范围

若再继续输入：fill(t,y,′b′);

填充二维坐标中的二维图形，执行命令，绘图如图 2.17 所示。

【例 5】 若输入命令：subplot(2,2,1);

       x=0:0.02:5;

       plot(x,sin(x));

分块绘图，分割成 2 行 2 列，得到第 1 个图，执行命令。绘图如图 2.18 所示。

若继续输入命令：subplot(2,3,4); plot(x,cosh(x));

分割成 2 行 3 列图，在上图基础上得到第 4 个图。执行命令，绘图如图 2.19 所示。

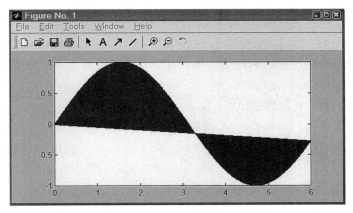

图 2.17　填充二维坐标中的二维图形

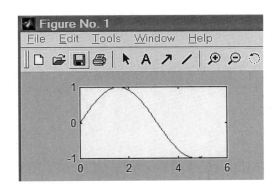

图 2.18　绘制成 2 行 2 列图

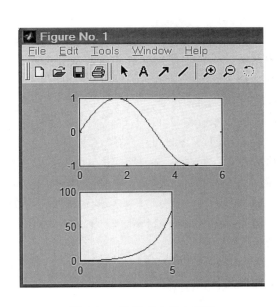

图 2.19　绘制成 2 行 3 列图

2.3.3.5　曲线拟合与插值

（1）多项式与插值

① 多项式表达方式

在 MATLAB 工作环境中用按降幂排列的多项式系数构成行向量表示多项式，如 p(x)＝x^3－2＊x－1 表示为：p＝[3 0 －2 －1]；

该多项式的根可以用函数 r＝roots(p) 求解，执行该命令后得到：

r＝

　1.0000

　－0.5000＋0.2887i

$-0.5000-0.2887i$

可以看出其解是定义在复数范围的。

② 多项式插值

多项式插值就是利用已知的数据中，估计其它点的函数值。其中一维插值函数为：

yi＝interp1(x,y,xi,method)

其中 x 是坐标向量，y 是数据向量，xi 是待估计点向量。

二维插值函数为：yi＝interp2(x,y,z,xi,yi,method)

其中 x，y，z 为已知数据，且 z＝z(x,y)，而 xi、yi 为要插值的数据点。另外 method 是插值方法，通常有以下几种：

a. nearest 寻找最近数据点，由其得出函数值；

b. linear 线性插值（该函数的默认方法）；

c. spline 样条插值，数据点处光滑（左导等于右导）；

d. cubic 三次插值。

后面的方法得出的数值比前面的精确，但需更多的内存及计算时间。还有三维、n 维插值函数。在化工原理实验测试数据处理中，一维和二维函数插值已能满足要求。

例如输入：

x＝[0 1 2 3 4 5];

y＝[0 20 60 68 77 110];

y1＝interp1(x,y,2.6)

执行命令：

y1＝

　64.8000

若输入：y1＝interp1(x,y,2.6,'spline')

y1＝

　67.3013

又如输入：

d(:,1)＝[0 1 2 3 4]';

d(:,2)＝[2000 20 60 68 77]';

d(:,3)＝[3000 110 180 240 310]';

d(:,4)＝[4000 176 220 349 450]';

t＝d(2:5,1);

p＝d(1,2:4);

temp＝d(2:5,2:4);

temp_i＝interp2(p,t,temp,2500,2.6)　%以线形内插计算 $p＝2500$，$t＝2.6$ 的值

执行命令：temp _ i＝

　　　　　140.4000

（2）曲线拟合

根据已知一组自变量和函数，应用最小二乘法，可以求出多项式的拟合曲线，利用函数 polyfit(x,y,n) 可以实现，其中 n 为多项式的最高次幂。可以获取多项式系数，再利用

ployval(x,y) 函数估计 x 处相应多项式函数值。

例如输入：

x=[0 0.126 0.188 0.210 0.358 0.461 0.546 0.600 0.663 0.884 1.0];

y=[0 0.240 0.318 0.349 0.550 0.650 0.711 0.760 0.799 0.914 1.0];

p=polyfit(x,y,2)

执行命令：

　　p=－0.7200　　1.6693　　0.0247

可得到拟合曲线方程为：y=－0.7200 * x^2+1.6693 * x+0.0247

继续输入：

plot(x,y);

title('y=－0.7200x^2+1.6693x+0.0247');

执行命令，获取拟合曲线如图 2.20 所示。

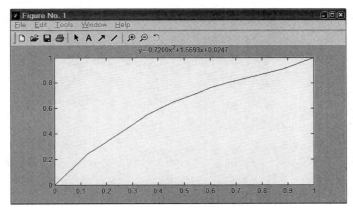

图 2.20　polyfit(x,y,n) 函数拟合曲线

继续输入：pp=polyval(p,x);

执行命令：

pp=Columns 1 through 7

　　0.0247　　0.2236　　0.3130　　0.3435　　0.5300　　0.6412　　0.7215

　　Columns 8 through 11

　　0.7670　　0.8149　　0.9377　　0.9740

2.3.4　应用实例

【例 6】已知离心泵性能测试数据如表 2.10 所示。

表 2.10　离心泵性能测定数据表

序号	涡轮流量计/Hz	入口压力 p_1/MPa	出口压力 p_2/MPa	电机功率/kW	流量 Q/(m³/h)	压头 H/m	泵轴功率 N/kW	泵的效率 η/%
1	192	0.014	0.08	0.76				
2	172	0.011	0.105	0.76				
3	158	0.01	0.115	0.75				

扫码下载例题
程序文件

序号	涡轮流量计/Hz	入口压力 p_1/MPa	出口压力 p_2/MPa	电机功率/kW	流量 Q/(m³/h)	压头 H/m	泵轴功率 N/kW	泵的效率 η/%
4	139	0.008	0.13	0.72				
5	121	0.005	0.145	0.69				
6	95	0.004	0.16	0.63				
7	72	0	0.17	0.58				
8	58	0	0.176	0.54				
9	37	0	0.185	0.48				
10	14	0	0.19	0.42				
11	0	0	0.197	0.39				

注:液体温度 17.5℃,液体密度 $\rho=1000.8$kg/m³,泵进出口高度＝0.18m,仪表常数 77.902,电机效率 0.60。

试用 MATLAB 进行数据处理,计算各空格内相应数据;并绘制出离心泵特性曲线图。

计算程序如下:

```
wolu＝[192 172 158 139 121 95 72 58 37 14 0];               %涡轮流量计读数
rkp＝[0.014 0.011 0.01 0.008 0.005 0.004 0 0 0 0];          %入口压力
ckp＝[0.08 0.105 0.115 0.13 0.145 0.16 0.17 0.176 0.185 0.19 0.197]; %出口压力
djgl＝[0.76 0.76 0.75 0.72 0.69 0.63 0.58 0.54 0.48 0.42 0.39]; %电机功率
k＝77.902;h＝0.18;ρ＝998.2;g＝9.81;                          %已知相关参数
djxl＝0.6;                                                   %电机效率
Vs＝3.6＊wolu/k;                                             %计算流量
Q＝Vs
H＝h＋(rkp＋ckp)＊10^6/(ρ＊g)                                 %计算压头
N＝djxl＊djgl                                                %计算泵的轴功率
Ne＝diag(H)＊Q′＊1000/(3600＊102)                            %计算泵的有效功率
η＝Ne′./N                                                   %计算泵的效率
plot(Q,N)
gtext('Q-N 曲线')
hold on
xlabel('Q')
text(-1,0.55,'N,η');
text(Q(1)＋0.5,0.55,'H');
plotyy(Q,η,Q,H)                                            %绘制离心泵特性曲线
gtext('Q-η 曲线')
gtext('Q-H 曲线')
gtext('离心泵特性曲线图')
hold off
grid on
```

执行命令后得到离心泵性能测定数据处理结果,见表 2.11。

表 2.11 离心泵性能测定数据计算结果

序号	涡轮流量计/Hz	入口压力 p_1/MPa	出口压力 p_2/MPa	电机功率/kW	流量 Q/(m³/h)	压头 H/m	泵轴功率 N/kW	泵的效率 η/%
1	192	0.014	0.08	0.76	8.8727	9.7793	0.4560	51.82
2	172	0.011	0.105	0.76	7.9484	12.0260	0.4560	57.09
3	158	0.01	0.115	0.75	7.3015	12.9451	0.4500	57.20
4	139	0.008	0.13	0.72	6.4235	14.2726	0.4320	57.79
5	121	0.005	0.145	0.69	5.5916	15.4981	0.4140	57.01
6	95	0.004	0.16	0.63	4.3901	16.9278	0.3780	53.54
7	72	0	0.17	0.58	3.3273	17.5405	0.3480	45.67
8	58	0	0.176	0.54	2.6803	18.1532	0.3240	40.90
9	37	0	0.185	0.48	1.7098	19.0723	0.2880	30.84
10	14	0	0.19	0.42	0.6470	19.5829	0.2520	13.69
11	0	0	0.197	0.39	0	20.2978	0.2340	0.0

注:液体温度17.5℃,液体密度 $\rho=1000.8$kg/m³,泵进出口高度=0.18m,仪表常数77.902,电机效率0.60。

离心泵特性曲线如图 2.21 所示。

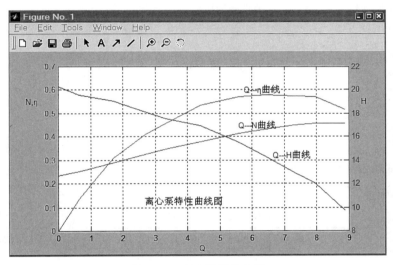

图 2.21 离心泵特性曲线

【例7】在一定压差情况下对某种悬浮液进行过滤实验,其记录数据见表 2.12。

表 2.12 恒压过滤实验数据

$q\times10^3$/(m³/m²)	$\Delta q\times10^3$/(m³/m²)	θ/s	$\Delta\theta$/s	$(\Delta\theta/\Delta q)\times10^{-3}$/(s/m)
0		0		
11.35		17.3		
22.70		41.4		
34.05		72		
45.40		108.4		
56.75		152.3		
68.10		201.6		

试用 MATLAB 进行数据处理,计算各空格内相应数据;绘制过滤方程线;并求出过滤

常数 K、q_e 和 θ_e。

计算程序如下：

```
q=[0 11.35 22.70 34.05 45.40 56.75 68.10]        %输入记录数据
q=q/1000                                          %计算实际滤液量
θ=[0 17.3 41.4 72 108.4 152.3 201.6]
m=size(q)
n=1
for n=1:1:m(2)-1
Δq(n)=q(n+1)-q(n)                                 %计算各段时间间隔的滤液量
Δθ(n)=θ(n+1)-θ(n)                                 %计算各段时间间隔
θq(n)=Δθ(n)/Δq(n)
qq(n)=(q(n+1)+q(n))/2
end
p=polyfit(qq,θq,1)                                %曲线拟合
x=0:0.01:qq(n)
y=p(1)*x+p(2)
plot(x,y)                                         %绘制过滤方程线
K=2/p(1)                                          % 求过滤常数 K、qe 和 θe
qe=p(2)*K/2
 θe=qe^2/K
 grid on
gtext('恒压过滤 Δθ/Δq-q 关系线')
```

执行命令后得到计算数据如表 2.13 所示。

表 2.13　恒压过滤实验数据计算值

$q \times 10^3/(\text{m}^3/\text{m}^2)$	$\Delta q \times 10^3/(\text{m}^3/\text{m}^2)$	θ/s	$\Delta\theta/s$	$(\Delta\theta/\Delta q) \times 10^{-3}/(\text{s/m})$
0		0		
11.35	11.35	17.3	17.30	1.524
22.70	11.35	41.4	24.10	2.123
34.05	11.35	72	30.60	2.696
45.40	11.35	108.4	36.40	3.207
56.75	11.35	152.3	43.90	3.868
68.10	11.35	201.6	49.30	4.344

过滤常数分别为：

$K = 4.0 \times 10^{-5} \text{m}^2/\text{s}$

$q_e = 0.0252 \text{m}^3/\text{m}^2$

$\theta_e = 15.88\text{s}$

其恒压过滤 $\Delta\theta/\Delta q$-q 关系线如图 2.22 所示。

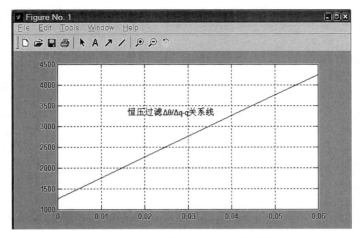

图 2.22　恒压过滤 $\Delta\theta/\Delta q$-q 关系线

【例8】 在精馏综合实验中测定实验数据见表 2.14。

表 2.14　精馏综合实验数据表

实际塔板数:9		物系:乙醇-正丙醇	折射仪分析温度:30℃	
	全回流:$R=\infty$		部分回流:$R=4$,进料温度:14.6℃	
	塔顶组成	塔釜组成	塔顶组成	塔釜组成	进料组成
折射率 n	1.3611	1.3781	1.3621	1.3781	1.3760
质量分数 w					
摩尔分数 x					
理论板数					
总板效率					

　　试用 MATLAB 进行数据处理,计算各空格内相应数据,并绘制出实际塔板阶梯图。已知:在该操作条件下乙醇的比热容 $c_{p_1}=2.97\text{kJ/(kg·K)}$,正丙醇的比热容 $c_{p_2}=2.80\text{(kJ/(kg·K))}$;乙醇的汽化热 $r_1=820\text{kJ/kg}$,正丙醇的汽化热 $r_2=680\text{kJ/kg}$。乙醇-正丙醇混合液的 t-x-y 关系如表 2.15 所示;温度-折射率-液相组成之间的关系如表 2.16 所示。

表 2.15　乙醇-正丙醇混合液的 t-x-y 关系

t	97.60	93.85	92.66	91.60	88.32	86.25	84.98	84.13	83.06	80.50	78.38
x	0	0.126	0.188	0.210	0.358	0.461	0.546	0.600	0.663	0.884	1.0
y	0	0.240	0.318	0.349	0.550	0.650	0.711	0.760	0.799	0.914	1.0

注:x 表示液相中乙醇摩尔分数,y 表示气相中乙醇摩尔分数,t 表示温度。乙醇沸点:78.3℃。正丙醇沸点:97.2℃。

表 2.16　温度-折射率-液相组成之间的关系

质量分数	折射率		
	25℃	30℃	35℃
0	1.3827	1.3809	1.3790
0.05052	1.3815	1.3796	1.3775
0.09985	1.3797	1.3784	1.3762
0.1974	1.3770	1.3759	1.3740
0.2950	1.3750	1.3755	1.3719

质量分数	折射率		
	25℃	30℃	35℃
0.3977	1.3730	1.3712	1.3692
0.4970	1.3705	1.3690	1.3670
0.5990	1.3680	1.3668	1.3650
0.6445	1.3607	1.3657	1.3634
0.7101	1.3658	1.3640	1.3620
0.7983	1.3640	1.3620	1.3600
0.8442	1.3628	1.3607	1.3590
0.9064	1.3618	1.3593	1.3573
0.9509	1.3606	1.3584	1.3653
1.000	1.3589	1.3574	1.3551

计算步骤如下：

① 首先根据乙醇-正丙醇混合液的 t-x-y 表格数据进行拟合，求出乙醇-正丙醇的汽液平衡关系曲线方程。再利用温度-折射率-液相组成之间的关系进行拟合，求出在 30℃ 下折射率-液相组成的方程。程序如下：

x＝[0 0.126 0.188 0.210 0.358 0.461 0.546 0.600 0.663 0.884 1.0];

y＝[0 0.240 0.318 0.349 0.550 0.650 0.711 0.760 0.799 0.914 1.0];

p1＝polyfit(x,y,2)   ％输入乙醇-正丙醇汽液平衡数据，进行曲线拟合

执行程序：p1＝

　　　　　－0.7200　　1.6693　　0.0247

则乙醇-正丙醇的汽液平衡关系曲线方程为：$y = -0.72 * x^2 + 1.6693 * x + 0.0247$

对 30℃ 下的折射率-液相组成进行拟合，程序如下：

w＝[0 0.05052 0.09985 0.1974 0.2950 0.3977 0.4970 0.5990 0.6445 0.7101 0.7983 0.8442 0.9064 0.9509 1.000];

n＝[1.3809 1.3796 1.3784 1.3759 1.3755 1.3712 1.3690 1.3668 1.3657 1.3640 1.3620 1.3607 1.3593 1.3584 1.3574];

p2＝polyfit(n，w，2)

执行程序：p2＝

　　　　　－12.0224　　－9.0272　　35.3951

则折射率-液相组成关系曲线方程为：$y = -12.0224 * x^2 - 9.0272 * x + 35.3951$

② 计算质量分数 w 和摩尔分数 x

n0d＝1.3611；n0w＝1.3781；　％全回流下塔顶和塔底产品折射率

n1d＝1.3621；n1w＝1.3781；nf＝1.3760；　％回流比 R＝4 时塔顶、塔底产品和原料折射率

W0d ＝ polyval(p2，n0d)；W0w ＝ polyval(p2，n0w)；

W1d ＝ polyval(p2，n1d)；W1w ＝ polyval(p2，n1w)；Wf ＝ polyval(p2，nf)；

定义 ml.m 文件并保存，进行调用求解摩尔分数 x；

function X＝check(W)

m1＝W/46；

m2＝(1-W)/60；

X＝m1/(m1＋m2)；

在 MATLAB 工作环境之下输入：

X0d＝ml(W0d)； ％求出全回流塔顶产品组成

X0w＝ml(W0w)； ％求出全回流塔釜产品组成

X1d＝ml(W1d)； ％求出回流比 R＝4 塔顶产品组成

X1w＝ml(W1w)； ％求出回流比 R＝4 塔釜产品组成

Xf＝ml(Wf)； ％求出回流比 R＝4 原料组成

③ 计算全回流状态下理论板总数和总板效率，绘制该状态下理论塔板阶梯图。

m＝[ ]；

subplot(2,1,1)；

plot(x,y,x,x)； ％绘制汽液平衡曲线和全回流状态下操作线

hold on；

pp＝p1

n＝1

m(n)＝X0d

while m(n)＞X0w

    pp(3)＝p1(3)-m(n)

    xx＝roots(pp)

    n＝n＋1

    m(n)＝zhenjie(xx(1),xx(2))

    plot(m(n):0.01:m(n-1),m(n-1),'.',m(n),m(n):0.01:m(n-1),'.') ％绘制理

论塔板阶梯图

end

plot(X0w,0:0.01:m(n-1),'g.',X0d,0:0.01:X0d,'r.')

xlabel('x')；

ylabel('y')；

gtext('全回流理论塔板阶梯图')

text(X0d,0,'Xd')

text(X0w,0,'Xw')

N＝n-2＋(m(n-1)-X0w)/(m(n-1) - m(n)) ％全回流状态下理论板总数

η＝ N/9 ％全回流状态下总板效率

其中定义 zhenjie.m 文件程序为：

function X＝check(a,b)

if a＞0 & a＜1

   X＝a

elseif b＞0 & b＜1

   X＝b

else

```
end
```

④ 求进料温度 t_f＝14.6℃时，进料热状态参数 Q。

```
t＝[97.60 93.85 92.66 91.60 88.32 86.25 84.98 84.13 83.06 80.50 78.38];
x＝[0 0.126 0.188 0.210 0.358 0.461 0.546 0.600 0.663 0.884 1.0];
tf＝14.6；cp1＝2.97；cp2＝2.8；r1＝820；r2＝680；
p3＝polyfit(x,t,2)
tB＝ polyval(p3,Xf)
tm＝(tB＋tf)/2
cpm＝46 * Xf * cp1＋60 * (1-Xf) * cp2
rm＝46 * Xf * r1＋60 * (1-Xf) * r2
Q＝(cpm * (tB-tf)＋rm)/rm
```

⑤ 计算回流比 R＝4 时，理论板总数和总板效率，绘制该状态下理论塔板阶梯图。

```
R＝4；
jingliu＝[Q/(Q-1) -1 ;R/(R+1) -1]
caozuo＝[ Xf/(Q-1) -X1d/(R+1)]'
jd＝inv(jingliu) * caozuo        %根据精馏段操作线方程和 q 线方程解出两操作线交点
坐标
K＝(jd(2)- X1w)/(jd(1)- X1w )     % 求提馏线斜率
x1＝jd(1)：0.01： X1d
y1＝x1 * R/(R+1)＋ X1d /(R+1)        %精馏段操作线方程
x2＝ X1w：0.01：jd(1)
y2＝K * x2-(K-1) * X1w              %提馏段操作线方程
xq＝ Xf：0.001：jd(1)
yq＝Q * xq/(Q-1)- Xf/(Q-1)          % y＝Qx_q/(Q-1)－x_F/(Q-1)为 q 线方程
subplot(2,1,2)
plot(x,y,x,x,x1,y1, '.', x2,y2, '.', xq,yq, 'b.')；   %绘制汽液平衡线、q 线、精馏操作线
和提馏操作线
hold on
pp＝p1
n＝1
m(n)＝X1d
q(n)＝X1d
plot(m(n),0：0.01：q(n),'r.')
while m(n)＞X1w                     %求各塔板汽液组成
    pp(3)＝p1(3)-q(n)
    xx＝roots(pp)
    n＝n+1
    m(n)＝zhenjie(xx(1),xx(2))
    if m(n)＞Xf
```

```
        q(n)=jl(m(n))
    else
        q(n)=tl(m(n))
    end
    plot(m(n):0.01:m(n-1),q(n-1),'.',m(n),q(n):0.01:q(n-1),'.')    %绘制理论塔
板阶梯图
end
plot(X1w,0:0.01:q(n-1),'.',Xf,0:0.01:Xf,'b.')
xlabel('x')
ylabel('y')
gtext('R=4时理论塔板阶梯图')
text(X1d,0,'Xd');
text(X1w,0,'Xw');
text(Xf,0,'Xf');
Nr=n-2+(q(n-1)-X0w)/(q(n-1)-q(n))        %求理论板总数
ηr=Nr/9  %求总板效率
hold off
```

上面循环语句里面的 jl. m 和 tl. m 文件直接调用分别求解精馏段和提馏段求各塔板汽液组成，

定义如下

① jl. m 文件

```
function jl=j(a)
jl=0.8*a+0.168
```

② tl. m 文件

```
function tl=t(a)
tl=1.797*a-0.1196
```

执行命令后得到全回流状态和回流比 $R=4$ 时理论板总数和总板效率如表 2.17 所示。

表 2.17　精馏综合实验数据处理结果

	实际塔板数:9　　物系:乙醇-正丙醇　　折射仪分析温度:30℃				
	全回流:$R=\infty$		部分回流:$R=4$,进料温度:14.6℃		
	塔顶组成	塔釜组成	塔顶组成	塔釜组成	进料组成
折射率 n	1.3611	1.3781	1.3621	1.3781	1.3760
质量分数 w	0.8356	0.1223	0.7938	0.1223	0.2108
摩尔分数 x	0.8689	0.1538	0.8339	0.1538	0.2583
理论板数	4.9065		7.7086		
总板效率	54.52%		85.65%		

理论塔板阶梯图如图 2.23 所示。

【**例 9**】已知液-液萃取实验测试数据如表 2.18 所示。

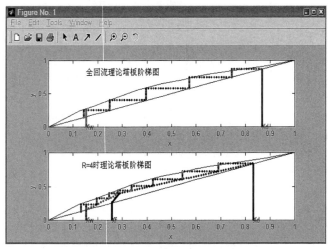

图 2.23 $R=\infty$ 和 $R=4$ 时理论塔板阶梯图

表 2.18 液-液萃取实验测试数据

装置编号:2	塔型:筛板式萃取塔		塔内径:37mm	溶质 A:苯甲酸
稀释剂 B:煤油	萃取剂 S:水		连续相:水	分散相:煤油
重相密度:995.9kg/m³	轻相密度:800kg/m³		流量计转子密度 ρ_f:7900kg/m³	
塔的有效高度:0.75m	塔内温度 $t=29.8℃$			
桨叶转速/(r/min)				372
水流量/(L/h)				4
煤油流量/(L/h)				6
煤油实际流量/(L/h)				6.704
NaOH 溶液浓度/(mol/L)				0.01077
浓度分析	塔底轻相 x_{Rb}	样品体积/mL		10
		NaOH 用量/mL		13.1
	塔顶轻相 x_{Rt}	样品体积/mL		10
		NaOH 用量/mL		5.4
	塔底重相 y_{Bb}	样品体积/mL		25
		NaOH 用量/mL		19.7
计算及实验结果	塔底轻相浓度 x_{Rb}/(kgA/kgB)			
	塔顶轻相浓度 x_{Rt}/(kgA/kgB)			
	塔底重相浓度 y_{Eb}/(kgA/kgB)			
	传质单元数 N_{OE}(图解积分)			
	传质单元高度 H_{OE}/m			
	体积总传质系数,K_{YE_a}/{kgA/[m³·h·(kgA/kgS)]}			

试用 MATLAB 进行数据处理,计算各空格内相应数据,并绘制出曲线图。

已知在该操作条件下煤油-水-苯甲酸的系统平衡曲线方程为:$y = 88817 * x^3 - 522.77 * x^2 + 1.2669 * x + 5 \times 10^{-6}$

计算程序如下。

计算苯甲酸在两相中的进出口质量分数:通过定义 XX.m 文件并保存,调用求解。

function X=jisuan(V1,M,V2,ρ)

```
X＝V1 * M * 122/ρ/V2    ％苯甲酸分子量为 122
Vxb＝10；VNaOHxb＝13.1；Vxt＝10；VNaOHxt＝5.4；    ％输入实验测试数据
Vyb＝25；VNaOHyb＝19.7；MNaOH＝0.01077；ρ1＝800；ρ2＝1000；H＝0.75；
s＝4；D＝0.037；
XRb＝XX(VNaOHxb，MNaOH，Vxb，ρ1)    ％调用 XX.m 文件计算苯甲酸在两相中的质
量分数
XRt＝ XX(VNaOHxt，MNaOH，Vxt，ρ1)
YEb＝ XX(VNaOHyb，MNaOH，Vyb，ρ2)
YEt＝0；
YE＝YEt：0.0001：YEb
XE＝YE * (XRb-XRt)/(YEb-YEt)＋XRt    ％用操作线方程计算油相中苯甲酸的质量分数
m＝size(YE)；
for n＝1：1：m(2)
    YEph(n)＝ 88817 * XE(n)^3-522.77 * XE(n)^2＋1.2669 * XE(n)＋5E-06
    yy(n)＝1/(YEph (n)-YE(n))
end        ％用分配曲线方程计算水相中苯甲酸平衡质量分数
p＝polyfit(YE,yy,2)
syms xx
f＝p(1) * xx^2＋p(2) * xx＋p(3)
Noe＝int(f,YE(1),YE(n))     ％利用积分函数求传质单元数 N_OE
NOE＝subs(Noe)
HOE＝H/NOE                ％求传质单元高度
A＝(pi/4) * D^2
K_Yea＝s/HOE/A                ％求体积总传质系数
subplot(2,1,1)
plot(XE,YE,'r')                ％绘制操作线图
gtext('操作线')
hold on
plot(XE,YEph, 'g')            ％绘制分配线图
gtext('分配线')
grid on
xlabel('XE')
ylabel('YE')
subplot(2,1,2)
plot(YE,yy)；    ％绘制积分线图
hold on
plot(YE(1),0:200:yy(1),' * ',YE(n),0:200:yy(n),' * ')；    ％绘制区域积分边界线
grid on
xlabel('Y')
```

ylabel('1/(Y * -Y)')

gtext ('积分线')

gtext ('积分区域')

hold off

执行命令后得到传质单元数、传质单元高度、体积总传质系数等数据如表2.19所示。

表 2.19 液-液萃取实验测试数据处理结果

装置编号: 2	塔型:筛板式萃取塔	塔内径:37mm	溶质 A:苯甲酸
稀释剂 B:煤油	萃取剂 S:水	连续相:水	分散相:煤油
重相密度:995.9kg/m³	轻相密度:800kg/m³	流量计转子密度 ρ_f:7900kg/m³	
塔的有效高度:0.75m	塔内温度 $t=29.8℃$		

桨叶转速/(r/min)			372
水流量/(L/h)			4
煤油流量/(L/h)			6
煤油实际流量/(L/h)			6.704
NaOH 溶液浓度/(mol/L)			0.01077
浓度分析	塔底轻相 x_{Rb}	样品体积/mL	10
		NaOH 用量/mL	13.1
	塔顶轻相 x_{Rt}	样品体积/mL	10
		NaOH 用量/mL	5.4
	塔底重相 y_{Bb}	样品体积/mL	25
		NaOH 用量/mL	19.7
计算及实验结果	塔底轻相浓度 x_{Rb}/(kgA/kgB)		0.002152
	塔顶轻相浓度 x_{Rt}/(kgA/kgB)		0.000897
	塔底重相浓度 y_{Eb}/(kgA/kgB)		0.001035
	水流量 S/(kgS/h)		4
	煤油流量 B/(kgB/h)		6.704
	传质单元数 N_{OE}(图解积分)		2.295
	传质单元高度 H_{OE}/m		0.3268
	体积总传质系数,K_{YE_a}/{kgA/[m³ · h · (kgA/kgS)]}		11383.59

其分配线、操作线、积分线及其区域见图2.24。

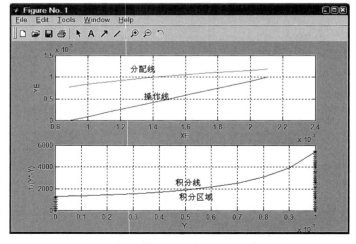

图 2.24 液-液萃取分配线、操作线及积分线

2.4　Origin 在化工原理实验数据处理中的应用

2.4.1　Origin 简介

Origin 是美国 Originlab 公司研发的专业数据处理和函数绘图软件，由于其功能强大、操作简单、兼容性好，在工程设计和科学研究中得到了广泛的应用。在化工中，Origin 可以绘制各种类型的化工数据图表，并对实验数据进行拟合等处理，是科研技术人员必须要掌握的软件之一。

图 2.25 是 Origin 8.0 打开后的初始界面，与大部分 Windows 系统下的软件类似，主要包含菜单栏、工具栏、项目管理器、工作簿窗口等。菜单栏和工具栏主要是各种命令的分类入口和常用命令的快捷方式。项目管理器是对文件夹和工作簿进行分类和管理，文件夹在项目管理器的上半部，下半部是当前文件夹中的工作簿和图形文件的名称，可通过工具栏的

"New Folder"命令在软件中创建多个文件夹，每个文件夹下可以保存多个工作簿或者图形文件。通过项目管理器可对文件夹和其中的文件进行重命名、移动、复制等处理，操作与 Windows 系统的文件管理方式类似，通过选中目标，进行拖拽移动和打开右键菜单命令操作（如图 2.26 所示）。

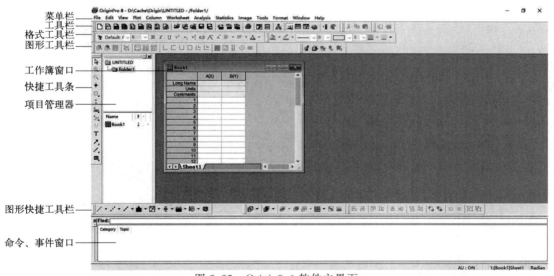

图 2.25　Origin8.0 软件主界面

工作簿（Book 1）界面类似于 Excel，使用单元格存储数据，每个工作簿可包含若干个工作表（Sheet）（图 2.27）。窗口中可以创建多个工作簿，创建工作簿可通过点击工具栏的快捷命令 "New WorkBook"按钮完成。

Origin 工作簿是数据处理的主界面，工作簿中的数据是按照列进行分类和处理的，列的顶部三行不需要输入数据，从上往下依次为名称（Long Name）、单位（Units）、注释（Comments），需要注意此处的注释并不在绘制的图中显示。数据列会自动分配名称，如图

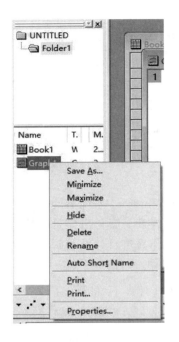

图 2.26 项目管理器窗口

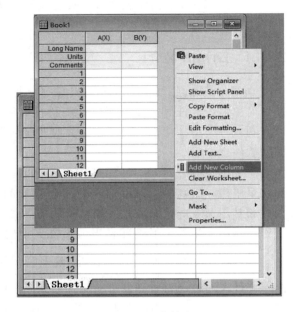

图 2.27 工作簿窗口

2.27 中 A、B 列，代表不同列的数据，同时需要注意旁边括号中的 X 和 Y，代表数据的坐标轴（共有 X、Y、Z 三个轴），相同的轴坐标代表数据是在相同的维度。默认首列数据是 X，其它列数据是 Y，可以设置多组 X 轴数据和多组 Y 轴数据，软件会在轴坐标名称后添加数字以示区分（如 Y1、Y2 等）。X 轴和 Y 轴之间也可以相互转换，选中需要改变轴坐标的列，点击右键，在右键菜单中"Set As"命令下选择需要的坐标轴（图 2.28），点击即可转换。需要注意的是每列 X 轴数据可以与多列 Y 轴数据关联作图，但是 Y 轴无法同时与多列 X 轴关联作图，故一般默认将 X 轴作为绘制图形的横坐标。

如需增加新列可如按图 2.29～图 2.31 所示进行操作。

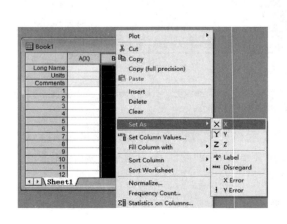

图 2.28 设置坐标轴界面

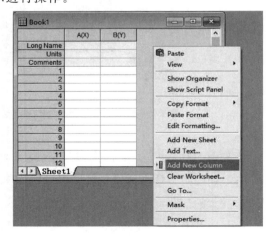

图 2.29 工作簿窗口

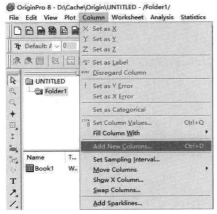

图 2.30 "Column"下拉菜单

图 2.31 "Add New Column"对话框

2.4.2 图形绘制

2.4.2.1 单图层绘制

将数据导入 Origin 后，要注意数据列的坐标轴名称，相同名称可认为是同一坐标轴上的数据，一般将横坐标设置为 X，不同坐标轴的数据才可关联作图。当有多组 X 轴、Y 轴数据绘制图形时，要注意对数据的坐标轴进行区分。绘制的图形会在软件界面内以新的图形窗口的形式在最前端显示。

【例 10】以不同温度下水和甲醇的饱和蒸气压数据绘图为例说明。

① 将数据文件导入 Origin 的工作簿，如图 2.32 所示。

	A(X)	B(Y)	C(Y)
Long Name	Temperature	Water	Methanol
Units	K	kPa	
Comments		Saturated Vapor Pressure	
1	273.15	0.61	7.014
2	293.15	2.338	12.97
3	313.15	7.375	35.7
4	333.15	19.918	84.6
5	353.15	47.34	181
6	373.15	101.32	353.6
7			
8			
9			
10			
11			
12			

图 2.32 数据导入结果

② 选中需要绘制图形的数据列，注意它们的列坐标轴需不同（例中为 X、Y 列数据），

且只能有一列数据为 X 轴，然后点击菜单栏中的"Plot"，在下拉菜单中选择图形样式（如图 2.33 所示），有"Line"、"Symbol"、"Line ＋ Symbol"等。一般选择"Line ＋ Symbol"作图，得到曲线图形，如图 2.34 所示。

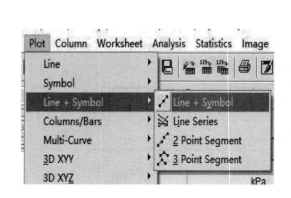

图 2.33 "Plot"下拉菜单

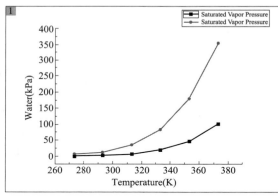

图 2.34 所绘制图形

或者也可以点击工作簿下方的图形快捷工具栏的命令来快速绘图，分别对应"Line"、"Scatter"、"Line ＋ Symbol"。得到的图形是软件默认输出的，可能不符合实验或者论文的格式要求，关于图形的设置将在下一部分介绍。

【例 11】以精馏综合实验数据绘图为例说明。

① 将数据文件导入 Origin 的工作簿，如图 2.35 所示。

	A(X)	B(Y)	C(Y)	D(Y)
1	x	y	x	y
2	0	0	0	0
3	0.019	0.17	1	1
4	0.0721	0.3891		
5	0.0966	0.4375		
6	0.1238	0.4704		
7	0.1661	0.5089		
8	0.2337	0.5445		
9	0.2608	0.558		
10	0.3273	0.5826		
11	0.3965	0.6122		
12	0.5079	0.6564		
13	0.5198	0.6599		
14	0.5732	0.6841		
15	0.6763	0.7385		
16	0.7472	0.7815		
17	0.8943	0.8943		

图 2.35 数据导入结果

② 选中第三列修改为 X 轴，按图 2.36 所示操作。

③ 选中需要绘制图形的数据列，然后点击菜单栏中的"Plot"，在下拉菜单中选择图形

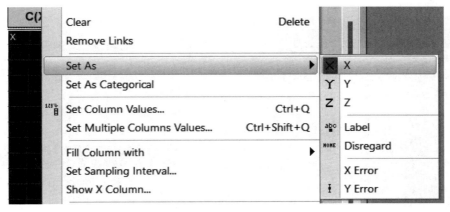

图 2.36　设置第三列坐标轴界面

样式，选择"Line ＋ Symbol"作图，得到曲线图形，如图 2.37 所示，优化后图形如图 2.38 所示。

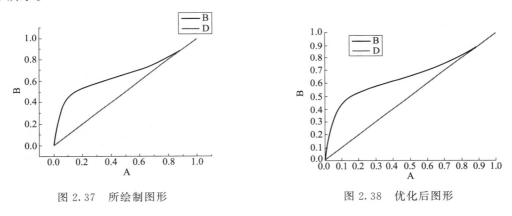

图 2.37　所绘制图形　　　　　　　　　　图 2.38　优化后图形

2.4.2.2　多层图形绘制

在处理数据时，经常会遇到需要在一个图形中绘制多条曲线的情况，但是各曲线的坐标轴范围相差很大或者其数值单位不同时，单层图形就不能满足需要了，这时就需要绘制多层图形。

多层图形的常规绘制方法如以下例题所述。

【例 12】将一组离心泵特性曲线测定实验数据绘制成多层图形。

① 将数据文件导入 Origin 工作簿，如图 2.39 所示。流量作为横坐标，扬程和功率作为纵坐标，如果不是，需要手动设置。由于纵坐标数据单位不同且数值相差很大，为了方便数据的展示，使用双纵坐标绘制成多层图形。

② 选中需要绘制图形的数据，然后点击菜单栏中的"Plot"，在下拉菜单中选择"Multi-Curve ＼ Double-Y"命令（如图 2.40 所示），绘制的图形会在弹出的新的图形窗口展示，两条曲线分别对应于左右两个纵坐标，曲线与对应的坐标会使用不同的颜色以示区分（如图 2.41 所示）。或者也可以点击工作簿下方的图形快捷工具栏内的快速命令 "Double-

Y Axis"（如图 2.42 所示）。

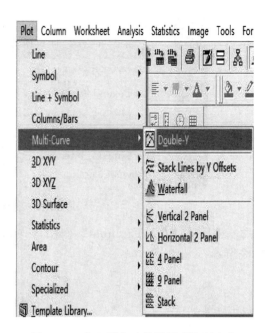

	A(X)	B(Y)	C(Y)
Long Name	q	H	P
Units	m³/h	m	kW
Comments			
1	1.908	20.55	0.59
2	2.772	19.83	0.67
3	3.492	18.71	0.71
4	4.428	17.79	0.75
5	5.112	16.98	0.81
6	5.976	15.65	0.84
7	7.02	13.61	0.86
8	7.632	11.57	0.94
9	8.568	8.71	0.96
10	8.856	5.75	0.98
11			
12			
13			
14			
15			
16			
17			
18			
19			
20			
21			

图 2.39　离心泵实验数据导入结果　　　　图 2.40　离心泵实验数据图形绘制命令

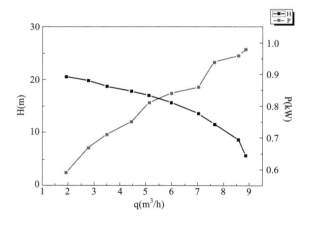

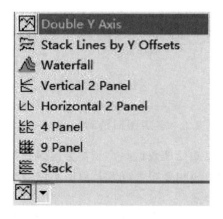

图 2.41　离心泵实验数据绘制图形　　　　图 2.42　离心泵实验数据图形绘制命令

　　除了绘制成双纵坐标系的图形之外，Origin 中也可使用菜单栏"Multi-Curve"下的"vertical 2 panel""horizontal 2 panel"等命令可将其绘制成水平并列、垂直并列等其它形式的图形，方便、清晰地展示数据，如图 2.43、图 2.44 所示。

2.4.2.3　Origin 图形设置及输出

（1）图形设置

　　Origin 中默认绘制图形的格式一般是不符合科技论文写作规范的，需要对图形格式进行设置，包括坐标轴的设置和图形曲线的设置。

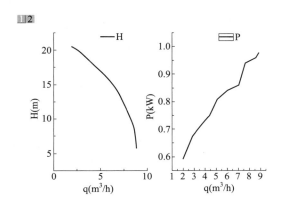

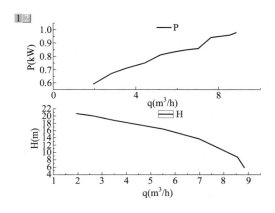

图 2.43　绘制水平并列图形　　　　　图 2.44　绘制垂直并列图形

Origin 中可以对坐标轴的名称、数值范围、间隔大小、刻度位置等做非常详细地设置。进入坐标轴设置的方法很多，一般直接双击所绘制图形的坐标轴，即可打开坐标轴设置对话框，如图 2.45 所示。对话框中包含"Scale""Tile & Format""Grid Lines""Break""Tick Labels""Minor Tick Labels""Custom Tick Labels"七个选项卡，分别对应于设置坐标轴范围、标题和坐标轴样式、网格、断点、坐标刻度、坐标刻度标签、文本框标签。下面以前面的不同温度下水和甲醇的饱和蒸气压数据绘制的图形为例说明。

① 打开保存的文件，双击坐标轴，打开坐标轴设置对话框（如图 2.45 所示），在对话框中可对横坐标轴和纵坐标轴分别进行设置，默认在"Scale"选项卡。在"Scale"选项卡下可对坐标轴的范围、间隔、类型等进行设置，左侧"Horizontal"是对横坐标轴进行设置，"Vertical"是对纵坐标轴进行设置。本例中，横坐标范围为 260～400，间隔为 20，则在"Horizontal"下设置 From260，To400，Increment20；纵坐标范围为-50 至 400，间隔为 100，在"Vertical"设置 From-50，To400，Increment100（如图 2.46 所示）。

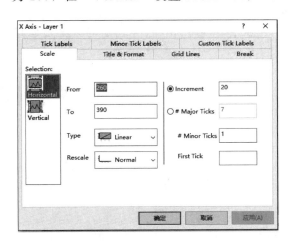

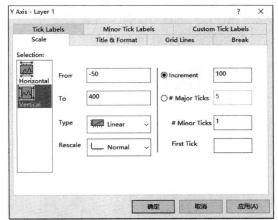

图 2.45　坐标轴设置对话框　　　　　图 2.46　"Scale"设置界面

② 切换到"Tile & Format"选项卡，点击左侧的"Bottom""Top""Left""Right"可以分别对图形的下、上、左、右四个坐标轴进行设置。在本例中，左侧选择"Bottom"对

横坐标进行设置，勾选"Show Axis & Ticks"，则在图形上显示对应坐标轴；"Title"内输入"Temperature（K）"，改变横坐标名称（也可在图形中直接双击名称进行编辑，更为方便）；"Major Ticks""Minor Ticks"选项选择"Out"，横坐标的主、副刻度都向下；"Color"设置坐标轴颜色，选择"Black"；"Thickness（pts）"设置坐标轴的粗细程度，一般数值越大坐标轴越粗，这里输入"3"（如图2.47所示）。纵坐标的设置相类似。对于顶部和右侧的坐标轴，"Title"空白，"Major Ticks"和"Minor Ticks"均选择"None"。

③ 点击"Tick Labels"选项卡，对坐标轴刻度数值进行设置。左侧依然是"Bottom""Top""Left""Right"，选择"Bottom"，勾选"Show Axis & Ticks"，"Type"（类型）选择"Numeric"，"Font"（字体）选择"Times New Roman"，"Color"选择"Black"，勾选"Bold"（加粗），"Point"（字体大小）选择"30"（如图2.48所示）。纵坐标设置类似。

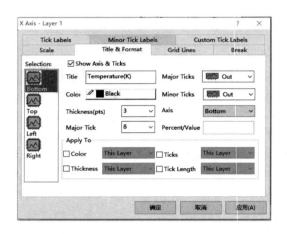

图2.47　"Tile & Format"设置界面

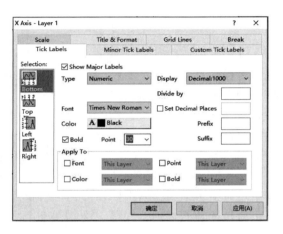

图2.48　"Tick Labels"设置界面

④ 点击"确定"，即可查看设置后的效果。最终得到的图形如图2.49所示。

对于红外光谱数据等，坐标轴一般是逆序的，即坐标轴是由大到小的。可以在坐标轴设置对话框内"Scale"选项卡内设置From2000，To200，Increment－400，则可以得到如图2.50所示的规范红外光谱图。

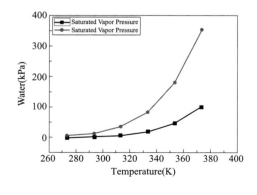

图2.49　符合规范的图形

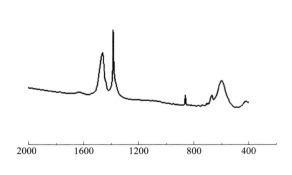

图2.50　红外光谱图

（2）数据曲线及数据点的设置

在绘制实验图形时，经常会在一个图形中绘制多条实验曲线，为了对曲线进区分，通常需要使用不同类型的数据点或者不同类型的曲线，这需要对数据曲线和数据点进行设置。双击需要修改的曲线，打开如图 2.51 所示的 "Plot Detail"（曲线设置）对话框，左侧部分树状图可以方便对文件夹内的图形和图形中的若干曲线进行直观地查看，右侧是对曲线进行设置的界面，分为 "Line" "Symbol" "Drop Lines" "Group" 四个选项卡。默认情况下，图形中的多条曲线或者实验点是相互关联的，即对其中任一部分的设置会对其它的部分产生影响，故一般需要解除关联。在 "Group" 选项卡下 "Edit Mode"（编辑模式）选择 "Independent"，点击 "OK" 即可单独对每条曲线和数据点进行设置。

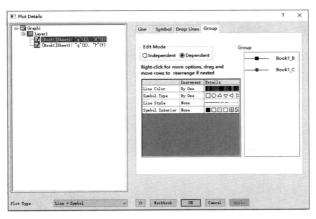

图 2.51 曲线设置对话框

2.4.3 数据拟合

在对实验数据处理过程中，除了对数据进行绘制图形外，有时还需要对数据进行拟合处理。Origin 的数据拟合功能强大，使用方便，可以对数据进行多种方式的拟合。

线性拟合是数据拟合中最常用的拟合手段，下面以某个化学反应的动力学数据为例说明。

【例 13】将一组化学反应动力学数据进行线性拟合。

① 将数据文件导入 Origin 的工作簿中，选中需要拟合的数据或者数据列，先绘制出散点图（如图 2.52 所示）。

② 在菜单中选择 "Analysis \ Fitting \ Fit Liner" 命令（如图 2.53 所示），则打开图 2.54 所示 "Liner Fit"（线性拟合）对话框。

一般常用设置是 "Fit Option"（拟合设置）下设置 "Fix Slope"（拟合斜率）或者 "Fix Intercept"（拟合截距）（如图 2.55 所示）；以及 "Fitted Curves Plot" 下 "Confidence Level for Curve（%）"（置信度），默认是 95%（如图 2.56 所示）。

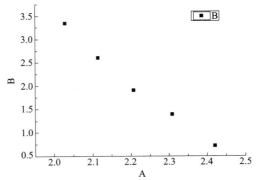

图 2.52 反应数据散点图

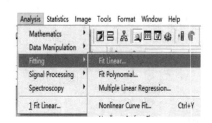

图 2.53 "Fit Liner"命令选择

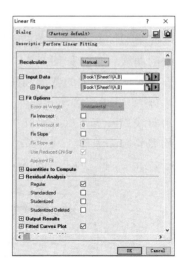

图 2.54 "Liner Fit"对话框

图 2.55 "Fit Option"设置

图 2.56 "Fitted Curves Plot"设置

③ 本例中对设置没有特殊规定，故均保持默认设置，直接点击"OK"键 Origin 会在图形中添加拟合曲线并在图形和项目管理器中生成拟合结果报告，如图 2.57 所示。拟合的直线斜率是－6.57，截距是 16.55。

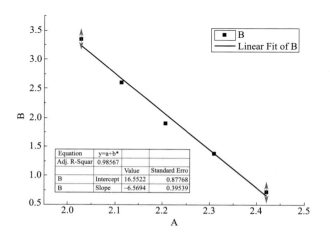

图 2.57 拟合结果

【例 14】 将传热实验数据进行幂函数拟合。

① 将数据文件导入 Origin 的工作簿中（如图 2.58 所示）。

② 选中需要拟合的数据或者数据列，先绘制出散点图（如图 2.59 所示）。

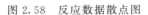

A	B
Re	Nu/Pr$^{0.4}$
12600	36.83
17000	50.24
20700	63.74
25000	70
30000	88.23
35000	88.66

图 2.58　反应数据散点图

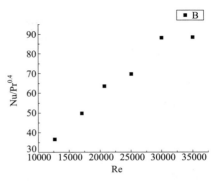

图 2.59　"Fit Liner"命令选择

③ 在菜单中选择 "Analysis \ Fitting \ Nonlinear Curve Fit \ Open Dialog" 命令，则打开图 2.60 所示幂函数性拟合对话框。一般在弹出的对话框中选择 Function \ ExpDec1。

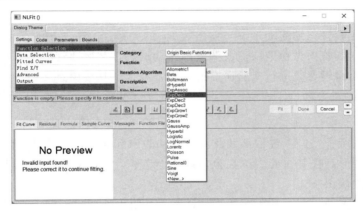

图 2.60　"Liner Fit"对话框

④ 选择好函数之后，点 Fit 即可。拟合结果如图 2.61 所示。

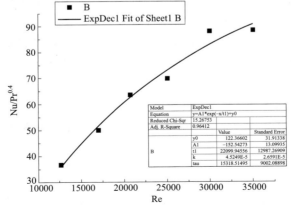

Model	ExpDec1	
Equation	y=A1*exp(-x/t1)+y0	
Reduced Chi-Sqr	15.26753	
Adj. R-Square	0.96412	
	Value	Standard Error
y0	122.36602	31.91338
A1	−152.54273	13.09935
B　t1	22099.94556	12987.26909
k	4.5249E-5	2.6591E-5
tau	15318.51495	9002.08898

图 2.61　拟合结果

3 实验部分

实验 1 雷诺实验

一、实验目的

1. 了解流体在圆管内的流动形态与雷诺数 Re 的关系；
2. 观察流体在圆管内做稳定层流及湍流的流动形态，掌握圆管流态判别准则；
3. 学习应用无量纲参数进行实验研究的方法，并了解其实用意义。

二、实验原理

在实际化工生产中，许多过程都涉及流体流动的内部细节，尤其是流体的流动现象。故而了解流体的流动形态极其重要。本实验装置便于观察，结构简单，能使学生对流体流动的两种形态有更好的认识。

流体在管道中流动，有三种不同的流动状态，其阻力性质也不同。在实验过程中，保持水箱的水位恒定。如果管路尾端阀门开启较小，流体在管路中就有稳定的平均流速，这时候开启带色水阀门，带色水就会与无色水在管路中沿轴线同步向前流动，带色水呈一条带色直线，其流动质点没有垂直于主流方向的横向运动，带色水线没有与周围的液体混合，层次分明地在管路中流动，为层流。如果将尾端阀门逐渐开大，管路中的带色直线出现脉动，流体质点还没有出现相互交换的现象，流体的流动呈过渡状态（临界状态）。如果继续开大尾端阀门，出现流动质点的横线脉动，使色线完全扩散与无色水混合，此时流体的流动状态为湍流。三种流体流动状态如图 1 所示。

图 1 层流、过渡、湍流流动示意图

雷诺数是判断流体流动类型的无量纲参量，表示为 $Re = \dfrac{du\rho}{\mu} = \dfrac{4q\rho}{\pi d\mu}$ （1）

式中，d 为管道内径，m；u 为流体流速，m/s；ρ 为流体密度，kg/m^3；μ 为流体黏度，Pa·s；q 为流量，m^3/s。

一般认为，$Re \leqslant 2000$ 为层流；$Re \geqslant 4000$ 为湍流；$2000 < Re < 4000$ 为不稳定的过渡区。

对于一定温度的液体，在特定的圆管内流动，雷诺数仅和流速有关。本实验是以水为介质，改变水在圆管内的流速，观察在不同雷诺数下流体流动的类型的变化。本实验采用转子流量计，直接测出流量。

三、实验装置与流程

主要由清水槽、溢流水箱、墨水瓶（连接注射针头）、有机玻璃管、水流调节阀等组成，实验时需保持溢流水箱有溢流，使水的流动保持稳定。实验流程和实验装置分别见图 2 和图 3。

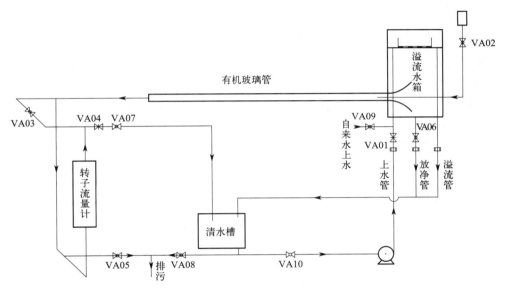

图 2　雷诺实验流程图

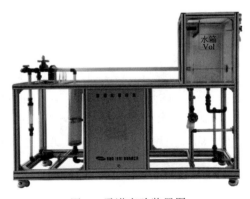

图 3　雷诺实验装置图

在 420mm×510mm×600mm 的有机玻璃溢流水箱内安装有一根内径为 25mm、长为 1200mm 的有机玻璃管，玻璃管进口做成喇叭状，可以保证水能平稳地流入有机玻璃管内。在进口端中心处插入注射针头，通过小橡胶管注入显色剂——红墨水。自来水流入水箱内，超出溢流堰部分从溢流口排出，管内水的流速可由管路下游的阀门 VA04 控制。实验自备消耗品：水和红墨水。可扫描二维码观看雷诺实验视频。

雷诺实验视频

四、实验步骤

1. 检查阀门状态，确保所有阀门均处于关闭状态。

2. 开启进水阀 VA09 上水，待水没过喇叭进口时，观察有机玻璃管两端及水箱两侧是否漏水。

3. 继续加水，至溢流槽出现溢流，为保证水面稳定，关小阀门维持少量溢流即可（溢流越小越好）。

4. 打开排气阀 VA03、全开流量调节阀 VA04 和出水阀 VA07，将管路内气泡排出。

5. 关闭排气阀 VA03，将已配制好的 1∶1 的普通红墨水注入墨水储槽，调节阀门 VA02 控制红墨水的流量。

6. 缓慢调节阀门 VA04，观察记录红墨水随水流的不同流动状态及相应的流体流量大小，计算不同流动状态下的 Re（雷诺数）。

7. 调节阀门 VA04 至流体流动状态为层流，关闭阀门 VA07，在喇叭口内注入大量红墨水，打开阀门 VA07 让水流动，通过观察红墨水的流动形状分析流体层流时的速度分布；将转子流量计流量调节到最大，方法同上，观测湍流时的速度分布。

8. 实验结束，打开阀门 VA03、VA04、VA05、VA08，将装置内部水排空。

9. 操作补充：

① 本实验也可采用水解型红墨水进行实验，将水解墨水与水按 1∶50（体积比）进行稀释（具体稀释比例视红墨水的性质而定，以实验现象最佳为准）。实验循环过程中，水解墨水的颜色会在有机玻璃管出口消失，从而实现液体循环使用，不影响实验观察。采用水解墨水进行实验时，先在循环水箱内补水，通过循环泵将水箱内的水打入高位水箱内（加入水量一定时，可维持高位水箱和循环水箱内具有一定液位高度，无需再进行补水），其它步骤操作同上。

② 在观察层流流动时，当把水量调至足够小的情况下（在层流范围），禁止碰撞设备，减小周围环境的震动对红墨水线型造成的影响。

③ 为防止上水时造成的液面波动，上水量不能太大，维持少量溢流即可。

④ 红墨水的流量要根据实际水流速度调节，流量太大，超过管内实际水流速度容易造成红墨水的波动；流量太小，红墨水线不明显，不易观测。

⑤ 将水箱注满水，关闭上水阀，使用静止状态的水观察红墨水的流动状态，临界雷诺数可达 2000 左右。

五、实验数据记录与处理

实验者：　　　　　　　　　　　　　同组人员：

实验日期：　　　　　　　　　　　　　指导教师：

管子内径 d/cm：　　　　　　　　水温 $t/\mathrm{℃}$：

水的密度 $\rho/(\mathrm{kg/m^3})$：　　　　　水的黏度/$(\mathrm{Pa \cdot s})$：

实验数据记录表

流量 $q/(\mathrm{L/h})$	流速 $u/(\mathrm{m/s})$	Re	流动状态	
			由 Re 判断	实验现象

六、注意事项

1. 在移动该装置时，请保持平稳，严禁磕碰。

2. 实验结束，将管路和墨水瓶内的红墨水进行清洗，避免针头堵塞。长期不用时，将水放净。玻璃水箱打扫干净后，将水箱口盖上以免灰尘落入。

3. 在测定层流现象时，指示液的流速必须小于或等于观察管内的流速。若大于观察管内的流速则无法看到一条直线，而是和湍流一样的浑浊现象。

4. 冬季室内温度达到冰点时，水箱内严禁存水。

七、思考题

1. 影响流动形态的因素有哪些？

2. 如果在生产中无法直接观察管内流动形态，可采用其它什么办法判断？

3. 墨水的流量大小对实验结果有无影响？

4. 当 Re 分别为 1000、3000 和 6000 时，施加一定的干扰，使圆管内流型为湍流，当干扰消失后，其流型有无变化？

实验 2　流体流动阻力测定实验

一、实验目的

1. 了解实验所用到的实验设备、流程、仪器仪表；

2. 了解并掌握流体流经直管摩擦阻力系数 λ 的测定方法及变化规律，并将 λ 与 Re 的关系标绘在双对数坐标上；

3. 了解不同管径直管的 λ 与 Re 的关系；

4. 了解阀门的局部阻力系数 ζ 与 Re 的关系；

5. 了解差压传感器、涡轮流量计的原理及应用方法。

二、实验原理

1. 流体在管内流量及 *Re* 的测定

本实验采用涡轮流量计直接测出流量 $q(\mathrm{m^3/h})$，流速 u 可由下式得出。

$$u = 4q/(3600\pi d^2) \tag{1}$$

式中，d 为直管内径，m。

则

$$Re = \frac{du\rho}{\mu} \tag{2}$$

式中，ρ 为被测流体密度，$\mathrm{kg/m^3}$；μ 为被测流体黏度，$\mathrm{Pa \cdot s}$。

2. 直管摩擦阻力损失 Δp_{0f} 及摩擦阻力系数 λ 的测定

流体在管路中流动，由于黏性剪应力的存在，不可避免地会产生机械能损耗。根据范宁（Fanning）公式，流体在圆形直管内作定常稳定流动时的摩擦阻力损失为

$$\Delta p_{0f} = \lambda \frac{l}{d} \times \frac{\rho u^2}{2} \tag{3}$$

式中　l——沿直管两测压点间距离，m；

　　　λ——直管摩擦阻力系数，无量纲。

由上可知，只要测得 Δp_{0f} 即可求出直管摩擦阻力系数 λ。根据伯努利方程和压差计对等径管读数的特性知：当两测压点处管径一样，且保证两测压点处速度分布正常时，压差读数 Δp 即为流体流经两测压点处的直管阻力损失 Δp_{0f}。

$$\lambda = \frac{2\Delta p d}{\rho u^2 l} \tag{4}$$

式中　Δp——压差计读数，Pa。

以上对阻力损失 Δp_{0f}、摩擦阻力系数 λ 的测定方法适用于粗管、细管的直管段。

3. 阀门局部阻力损失 $\Delta p_f'$ 及其阻力系数 ζ 的测定

流体流经阀门时，由于速度的大小和方向发生变化，流动受到阻碍和干扰，出现涡流而引起的局部阻力损失为

$$\Delta p_f' = \zeta \frac{\rho u^2}{2} \tag{5}$$

式中　ζ——局部阻力系数，无量纲。

对于测定局部管件的阻力如阀门，其方法是在管件前后的稳定段内分别设两个测压点。按流向顺序分别为 1、2、3、4 点，在 1、4 点和 2、3 点分别连接两个压差计，分别测出压差为 Δp_{14}、Δp_{23}。

在 2-3 列伯努利方程（2-3 间直管长为 L）

$$p_2 - p_3 = (\rho g z_2 + \frac{\rho u_2^2}{2}) - (\rho g z_3 + \frac{\rho u_3^2}{2}) + \sum \Delta p_{f23}$$

上式中，由于 2、3 点管径一样，管子水平放置，位能与动能项可消除，而总能耗可分

为直管段阻力损失 Δp_{f23} 和阀门局部阻力损失 $\Delta p_f'$，因此上式可简化为：

$$\Delta p_{23} = \Delta p_{f23} + \Delta p_f' \tag{6}$$

同理在 1-4 列伯努利方程（1-4 间直管长为 2L）

$$\Delta p_{14} = \Delta p_{f14} + \Delta p_f' = 2\Delta p_{f23} + \Delta p_f' \tag{7}$$

上式和式（6）联立解得

$$\Delta p_f' = 2\Delta p_{23} - \Delta p_{14} \tag{8}$$

则局部阻力系数为： $\zeta = \dfrac{2(2\Delta p_{23} - \Delta p_{14})}{\rho u^2} \tag{9}$

三、实验装置与流程

实验装置如图 1 和图 2 所示。可扫码观看流体流动阻力测定实验原理。

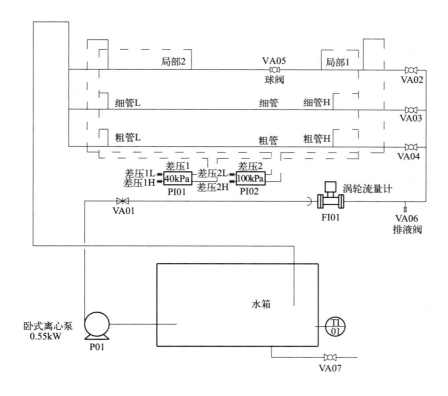

图 1 流体流动阻力测定实验流程图

VA01—局部阀门；VA02—阀门阻力支路阀；VA03—细管支路阀；VA04—粗管支路阀；VA05—流量调节阀门；
VA06—管路放净阀门；差压 1L—差压 1 下游排气阀；差压 1H—差压 1 上游排气阀；差压 2L—差压 2 下游排气阀；
差压 2H—差压 2 上游排气阀；局部 1—阀门阻力下游取压阀；局部 2—阀门阻力上游取压阀；
细管 L—细管阻力下游取压阀；细管 H—细管阻力上游取压阀；粗管 L—粗管阻力下游取压阀；
粗管 H—粗管阻力上游取压阀；VA07—设备整体放净阀；TI01—循环水温度；
PDI01—差压 1；PDI02—差压 2；FI01—循环水流量

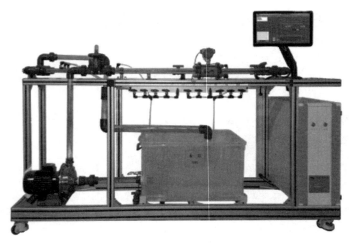

流体流动阻力
测定实验视频

图 2　流体流动阻力测定实验装置图

四、实验步骤

1. 熟悉：按事先（实验预习时）分工，熟悉流程，理清各差压传感器的作用。

2. 检查：检查各阀是否关闭。

3. 开车：开启电源，启动离心泵（检查泵是否正常转动）。

4. 排气：打开调节阀 VA01 到最大。分别打开支路阀 VA02、VA03、VA04，打开各管路上的测压点阀，打开 2 个差压传感器上所有的排气阀，约 2min，观察引压管内无气泡则依次关闭差压传感器上的排气阀和支路阀 VA02、VA03、VA04。

5. 测量

（1）粗管测量

① 开启阀门 VA04，打开粗管 H、粗管 L 贴签对应的阀门，逐渐开启调节阀 VA01，根据以下流量（m^3/h）进行调节：每次大约控制在 0.5、1、2、3、最大，实时记录流量及压差数据，记录结束后进行数据处理。

② 此管测完后，关闭阀门粗管 H、粗管 L，关闭 VA01，关闭 VA04。

（2）细管测量

① 开启 VA03，打开细管 L、细管 H 对应的阀门，逐渐开启调节阀 VA01，根据以下流量（m^3/h）进行调节：每次大约控制在 0.5、1、2、3、最大，实时记录流量及压差数据，记录结束后进行数据处理。

② 此管测完后，关闭细管 H、细管 L 对应的阀门，关闭 VA01，关闭 VA03。

（3）局部测量

① 开启 VA02，打开局部 1、局部 2 对应的阀门，逐渐开启调节阀 VA01，根据以下流量（m^3/h）进行调节：每次大约控制在 0.5、1、2、3、最大。实时记录流量及压差数据，记录结束后进行数据处理。

② 此管测完后，关闭局部 1、局部 2 对应的阀门，关闭 VA01，关闭 VA02。

6. 停车：实验完毕，关闭阀门，停泵即可，然后分别打开放净阀 VA06 和 VA07 放净管路和设备中的液体。

五、实验数据记录与处理

（1）直管摩擦系数测定

粗管内径：__，细管内径：__，测点长：__m，

温度：__℃，水密度：__kg/m^3，水黏度：__mPa·s

直管摩擦系数测定实验数据表

流量 q/(m^3/h)	Δp 压差 2/kPa	流速/(m/s)	$Re\times10^{-4}$	λ

根据计算数据绘制阻力系数 λ 与 Re 关系图。

（2）局部阻力损失测定

t：__℃，水密度：__kg/m^3，水黏度：__mPa·s，内径：__m

局部阻力损失测定实验数据表

流量 q/(m^3/h)	压差 2/kPa	压差 3/kPa	流速/(m/s)	$Re\times10^{-4}$	ζ

六、注意事项

1. 每次启动离心泵前先检测水箱是否有水，严禁泵内无水空转！

2. 在启动泵前，应检查三相动力电是否正常，若缺相，极易烧坏电机；为保证安全，检查接地是否正常；准备好上面工作后，在泵内有水情况下检查泵的转动方向，若反转流量达不到要求，对泵不利。

3. 操作前，必须将水箱内异物清理干净，需先用抹布擦干净，再往循环水槽内放水，启动泵让水循环流动冲刷管道一段时间，再将循环水槽内水放净，再注入水以准备实验。

4. 在实验过程中，严禁异物掉入循环水槽内，以免吸入泵内损坏泵，堵塞管路和损坏涡轮流量计。

5. 严禁学生打开控制柜，以免发生触电。

6. 长期不用时，应将槽内水放净，并用湿软布擦拭水箱，防止水垢等杂物粘在上面。

七、思考题

1. 某液体分别在本题附图所示的三根管道中稳定流过，各管绝对粗糙度、管径均相同，上游截面 1-1′ 的压强、流速也相等。问：

（1）在三种情况中，下游截面 2-2′ 的流速是否相等？

（2）在三种情况中，下游截面 2-2′ 的压强是否相等？

如果不等，指出哪一种情况的数值最大，哪一种情况中的数值最小？其理由何在？

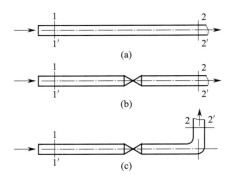

2. 流体的连续性假设和理想流体假设在工程上有何意义？

实验 3 流量计性能测定实验

一、实验目的

1. 了解孔板流量计和文丘里流量计的操作原理和特性，掌握流量计的一般标定方法；
2. 测定孔板流量计和文丘里流量计的流量系数的 C_0 和 C_v 与管内 Re 的关系；
3. 通过 C_0 和 C_v 与管内 Re 的关系，比较两种流量计。

二、实验原理

1. 流体在管内 Re 的测定

$$Re = \frac{du\rho}{\mu} = \frac{d\rho}{\mu} \times \frac{4q}{\pi d^2} = \frac{4q\rho}{\pi d\mu} \tag{1}$$

式中　ρ，μ——流体在测量温度下的密度和黏度，kg/m^3 和 $Pa \cdot s$；

$\quad\quad\quad d$——管内径，$50mm$；

$\quad\quad\quad q$——管内体积流量，m^3/s。

2. 孔板流量计

孔板流量计是利用动能和静压能相互转换的原理设计的，它以消耗大量机械能为代价。孔板的开孔越小，通过孔口的平均流速 u_0 越大，孔前后的压差 Δp 也越大，阻力损失也随之增大。其具体工作原理结构见图 1。

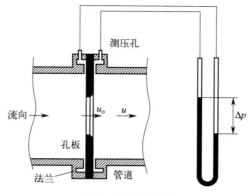

图 1 孔板流量计

为了减小流体通过孔口后突然扩大而引起的大量旋涡能耗，在孔板后开一渐扩形圆角。因此孔板流量计的安装是有方向的。若是方向弄反，不光是能耗增大，同时其流量系数也将改变，实际上这样使用没有意义。

其计算式（具体推导过程见教材）为

$$q = C_0 A_0 \sqrt{\frac{2\Delta p}{\rho}}$$

式中　q——流量，$\mathrm{m^3/s}$；

C_0——孔流系数，无量纲，本实验需要标定；

A_0——孔截面积，$\mathrm{m^2}$；

Δp——压差，Pa；

ρ——管内流体密度，$\mathrm{kg/m^3}$。

在使用前，必须知道其孔流系数 C_0（一般由厂家给出，教科书中只是原理性质，只作参考），一般是由实验标定得到的。其 C_0 主要取决于管道内流体流动的 Re 和面积比 $m = A_0/A$，取压方式、孔口形状、加工光洁度、孔板厚度、安装等也对其有影响。当后者如取压方式等状况均按规定的标准时，称为标准孔板。标准孔板的 C_0 只和 Re 和 m 有关。

3. 文丘里流量计

仅仅是为了测定流量而引起过多的能耗显然是不合适的，应尽可能设法降低能耗。能耗起因于孔板的突然缩小和突然扩大，特别是后者。因此，若设法将测量管段制成图 2 所示的渐缩和渐扩管，避免突然缩小和突然扩大，必然大大降低能耗。这种管称为文丘里流量计。

文丘里流量计的工作原理与公式推导过程完全与孔板流量计相同，但以 C_v 代替 C_0。因为在同一流量下，文丘里流量计压差小于孔板流量计，因此 C_v 一定大于 C_0。

在实验中，只要测出对应的流量 q 和压差 Δp，即可计算出其对应的系数 C_0 和 C_v。

4. 孔板流量计与文丘里流量计比较

共同点：①原理及计算公式相同；②C_0（C_v）随 Re 的变化的规律是一致的，即 C_0（C_v）随 Re 的增大而逐渐趋于稳定，当流量达到一定时，C_0（C_v）不再随 Re 增大而变化，为一常数。这也是孔板流量计或文丘里流量计的适用范围。

不同点：①同一流量下，孔板流量计能耗远高于文丘里流量计，这也可从差压读数上验

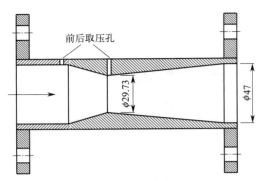

图 2　文丘里流量计

证；②孔板流量计测量精度高于文丘里流量计；③孔板流量计 C_0 随 Re 变化的稳定段很短，使用下限比文丘里流量计低；④同一 m 值下，$C_v > C_0$。

三、实验装置与流程

1. 实验设备

实验装置及流程图见图 3、图 4。流量计性能测定实验视频见图 5。

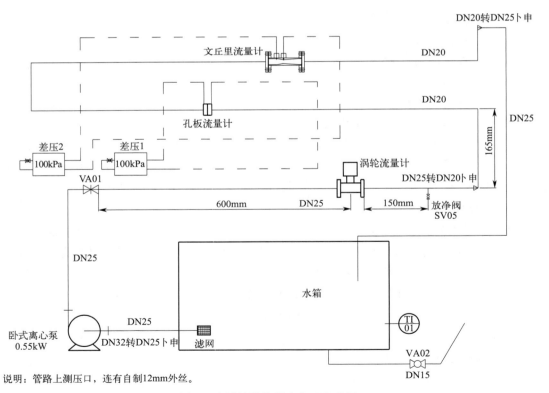

说明：管路上测压口，连有自制12mm外丝。

图 3　流量计性能测定实验流程图

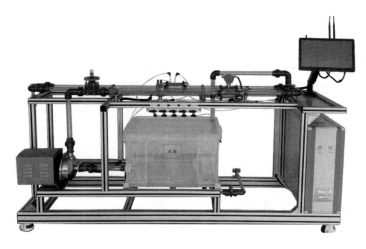

流量计性能
测定实验视频

图 4 流量计性能测定实验装置图

2. 流程说明

循环水由水箱进入离心泵入口，从泵出口至流量调节阀 VA01，经涡轮流量计计量，通过孔板流量计，再通过文丘里流量计，流回水箱。

3. 设备仪表参数

离心泵：型号 MS100/0.55，功率 550W，扬程 $H=14$m。

循环水槽：有机玻璃 700mm×420mm×380mm。

涡轮流量计：测量范围 0.5～8m^3/h。

孔板流量计：标准环隙取压，工作管路内径＝20mm，孔径＝15.49mm，面积比 $m=0.6$。

文丘里流量计：工作管路内径＝20mm，孔径＝15.49mm，面积比 $m=0.6$。

差压传感器：测量范围 0～50kPa。

温度传感器：Pt100 航空接头。

四、实验步骤

1. 熟悉：按事先（实验预习时）分工，熟悉流程，搞清各仪表设备的作用。

2. 检查：循环水槽内灌满清水，检查泵调节阀是否关闭。

3. 开车：启动离心泵（检查三相电及泵是否正常转动）。开启仪表电源。

4. 排气：缓缓打开调节阀 VA01 到较大值，打开两个差压传感器上的平衡阀，排出管路内气体。当看到引压管路无气泡时，可关闭差压传感器上的平衡阀，再关闭管路调节阀 VA01。

5. 测量：为了取得满意的实验结果，必须考虑实验点的布置和读数精度。

（1）在每个确定流量下，应尽量同步地读取各测量值读数。包括实际测定流量、两个压差计的读数。

（2）每次改变流量，应使孔板流量计压差读数（kPa）按以下规律变化：

0.5、1.0、2.0、5.0、10.0、20.0、40.0、最大

从以上看，流量基本上是成倍增加的，这是因为横坐标用的是对数坐标，为使实验点分布均匀而又不用过多测量。

流量按孔板流量计读数为准调节，文丘里流量计按实际显示读数。

说明：测量时，显示仪表读数会有波动，此时应学会估读。

6. 停车：实验完毕，关闭调节阀，停泵即可。

五、实验数据记录与处理

1. 记录实际流量和孔板流量计与文丘里流量计压差读数，计算出对应的 C_0 与 C_v。

2. 用半对数坐标画出 C_0 与 C_v 和 Re 的关系曲线。

六、注意事项

1. 启动泵前检查相线和正倒转，特别是长时间停用后；另在长时间不用时，开启泵时注意观察泵启动声音和是否正常转动，以防止泵内异物卡住而烧坏电机，若连续使用可省去此步骤。

2. 因为泵是机械密封，必须在泵有水时使用，若泵内无水空转，易造成机械密封件升温损坏而导致密封不严，需专业厂家更换机械密封。因此，严禁泵内无水空转！

3. 在调节流量时，泵出口调节阀应徐徐开启，严禁快开快关。

4. 长期不用时，应将槽内水放净，并用湿软布擦拭水箱，防止水垢等杂物粘在上面。

5. 在实验过程中，严禁异物掉入循环水槽内，以免吸入泵内损坏泵，堵塞管路和损坏涡轮流量计。

七、思考题

孔板流量计和文丘里流量计有何不同？

实验 4　离心泵特性曲线测定实验

为满足化工生产工艺的要求，常有一定流量的流体需长距离输送，或从低处送到高处、从低压处送至高压处，因此必须向流体提供能量。离心泵即是一种常用的为液体输送提供能量的机械设备。只有了解离心泵的基本结构、工作原理，测定泵的性能参数，掌握泵的操作方法，才能合理选择并正确使用离心泵。

一、实验目的

1. 了解离心泵的操作及有关仪表的使用方法；

2. 测定单台离心泵在固定转速下的操作特性，作出特性曲线；

3. 掌握用作图法处理实验数据的方法。

二、基本原理

离心泵的特性曲线取决于泵的结构、尺寸和转速。对于离心泵，在一定的转速下，泵的扬程 H 与流量 q 之间存在一定的关系。此外，离心泵的轴功率 N 和效率 η 亦随泵的流量而改变。因此 $H\text{-}q$、$N\text{-}q$ 和 $\eta\text{-}q$ 三条关系曲线反映了离心泵的特性，称为离心泵的特性曲线。由于离心泵内部作用的复杂性，其特性曲线必须用实验方法测定。

本实验只需测定单台离心泵的特性曲线。

（1）流量 q 测定

本实验采用涡轮流量计直接测量。

（2）扬程的计算

可在泵的进出口两测压点之间列伯努利方程求得。

$$H=\frac{p_2'-p_1'}{\rho g}\times 10^6=\frac{\Delta p}{\rho g}\times 10^6 \tag{1}$$

式中　Δp——泵进出口差压读数，MPa；

ρ——流体（水）在操作温度下的密度，kg/m^3；

g——重力加速度，m/s^2。

（3）轴功率 N

$$N=N_{电}\times \eta_{电} \tag{2}$$

轴功率，可以用三相功率表显示值乘以电机效率获得。本型号电机的效率为固定值 0.755。

（4）泵的总效率

$$\eta=\frac{泵有效功率}{泵的轴功率}=\frac{qH\rho g}{N}\times 100\% \tag{3}$$

（5）转速校核

应将以上所测参数校正为额定转速 $n'=2850\text{r/min}$ 下的数据来绘制特性曲线图。

$$\frac{q'}{q}=\frac{n'}{n}\quad \frac{H'}{H}=\left(\frac{n'}{n}\right)^2\quad \frac{N'}{N}=\left(\frac{n'}{n}\right)^3 \tag{4}$$

式中　n——实际转速，r/min。

为确保泵正常工作，不发生汽蚀，离心泵的安装高度应小于允许安装高度。离心泵在产生汽蚀时将发出噪声，泵体震动，流量不能再增大，扬程和效率都明显下降，以至无法继续工作。本实验通过关小泵进口阀，增大泵吸入管阻力，使泵发生汽蚀。

三、实验装置与流程

1. 流程图

实验装置流程图和实际设备见图 1 和图 2。

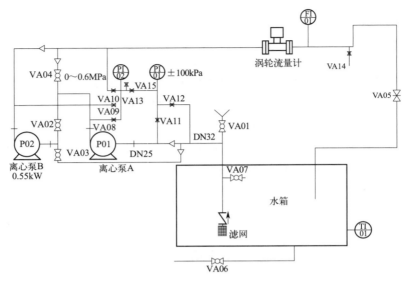

图 1 离心泵特性曲线测定实验流程图

VA01—灌泵阀；VA02—串联阀；VA03—入口并联阀；VA04—出口并联阀；VA05—流量调节阀；

VA06—水箱放净阀；VA07—泵放净阀；VA08、VA09、VA10、VA11、VA12—引压管连接阀；

VA13、VA15—离心泵进出口压力测量管排气阀；VA14—管路排液阀；

TI01—循环水温度；PI01—泵进口压力；PI02—泵出口压力；FI01—循环水流量

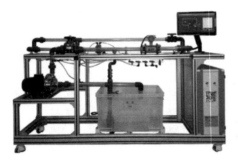

图 2 实际设备图

离心泵特性
曲线测定

2. 设备仪表参数

离心泵：型号 MS100/0.55，功率 550W，流量 $6m^3/h$，扬程 $H = 14m$。

循环水箱：聚丙烯（PP）材质，710mm×490mm×380mm（长×宽×高）。

涡轮流量计：测量范围 $0.8 \sim 15m^3/h$。

压力传感器 1：测量范围 $-100 \sim 100kPa$。

压力传感器 2：测量范围 $0 \sim 600kPa$。

温度传感器：Pt100 航空接头。

四、实验步骤

1. 连接压力传感器，打开引压管连接阀 VA08、VA11。

2. 单台泵 A 的管路。开启管路阀 VA04，阀 VA02、VA03 关闭。

3. 灌泵。打开阀 VA01、VA05 灌泵，灌泵完成后关闭 VA01、VA05。

4. 启动泵 A 排气。泵 A 启动后，开大出口调节阀 VA05，打开压力传感器上的平衡阀 VA13 排气，约 20s 后关闭 VA05、VA13。

5. 记录测量数据。为方便测量，建议流量（m³/h）按以下变化进行：0，2，4，6，…，最大。在每个流量下，记录所有数据：流量 q、差压 Δp、功率 N、转速 n 等数据。

6. 停车。测量完毕，关闭调节阀 VA05，开压力传感器平衡阀 VA13，停泵；关闭引压管连接阀 VA08、VA11。

五、实验数据记录与处理

数据记录见下表。

液体温度：＿＿＿＿＿＿＿　　水密度：＿＿＿＿＿＿＿

离心泵性能测定实验数据表

涡轮流量计读数 /(m³/h)	入口真空度 p_1 /kPa	出口压力 p_2(表压) /kPa	压差 Δp /kPa	泵轴功率 N /kW	泵转速 /(r/min)	泵特性曲线			
						q/(L/s)	H/m	N/kW	η

六、注意事项

1. 每次启动离心泵前先检查水箱是否有水，严禁泵内无水空转！

2. 在启动泵前，应检查三相动力电是否正常，若缺相，极易烧坏电机；为保证安全，检查接地是否正常；在泵内有水情况下检查泵的转动方向，若反转流量达不到要求，对泵不利。

3. 长期不用时，应将水箱及管道内水排净，并用湿软布擦拭水箱，防止水垢等杂物粘在水箱上面。

4. 严禁学生打开控制柜，以免发生触电。

5. 在冬季造成室内温度达到冰点时，设备内严禁存水。

6. 操作前，必须将水箱内异物清理干净，需先用抹布擦干净，再往循环水槽内加水，启动泵让水循环流动冲刷管道一段时间，再将循环水槽内水排净，再注入水以准备实验。

七、思考题

1. 离心泵在启动前为什么要引水灌泵？如果已经引水灌泵了，但离心泵还是启动不起来，你认为可能是什么原因？

2. 为什么离心泵启动时要关闭出口阀和拉下功率表的开关？

3. 为什么调节离心泵的出口阀可调节其流量？这种方法有什么优缺点？是否还有其它方法调节泵的流量？

4. 正常工作的离心泵，在其进口管上设阀门是否合理？为什么？

实验 5   过滤常数测定实验

过滤是分离非均相混合物的方法之一。通过过滤操作，可将悬浮液中的固、液两相加以分离，固体颗粒被过滤介质截留，形成滤饼；滤液穿过滤饼流出。

过滤的分类有多种方法：按推动力形式可分为恒压过滤和恒速过滤；按操作连续性可分为间歇过滤和连续过滤。而过滤设备的设计及选型取决于处理物料的工艺要求、物性及流量等条件。

过滤操作的分离效果，除与过滤设备的结构形式有关外，还与过滤物料的特性、操作时压力差以及过滤介质的性质有关。为了对过滤操作过程及过滤设备进行分析及设计计算，首先应给定待处理物料的物性参数，选择适宜的操作条件，然后再测定该过程的过滤常数。

本实验装置主要测定给定物料在一定操作条件和过滤介质下的过滤常数。

一、实验目的

1. 了解板框过滤机的构造和操作方法，学习定值调压阀、安全阀的使用；
2. 学习过滤方程式中恒压过滤常数的测定方法；
3. 验证洗涤速率与最终过滤速率的关系；
4. 了解操作条件压力对过滤速度的影响。

二、实验原理

过滤操作是在一定压力作用下，使含有固体颗粒的悬浮液通过过滤介质，固体颗粒被介质截留形成滤饼，从而使固液两相分离。过滤介质通常采用多孔的纺织品、丝网或其它多孔材料，如帆布（本实验中采用）、毛毡或金属丝织成的网、多孔陶瓷等。

过滤操作通常分为恒压过滤和恒速过滤。恒压过滤时，随着过滤的进行，固体颗粒不断被截留在介质表面，滤饼厚度不断增加，液体流过固体颗粒间的孔道加长，从而使流动阻力增大，过滤速率逐渐下降。要想保持过滤速率不变，则需不断提高过滤压力，此过程称为恒速过滤。恒速过滤阶段很短，本实验仅研究恒压过滤过程。

1. 恒压过滤方程

$$(V+V_e)^2 = KA^2(\tau+\tau_e) \tag{1}$$

式中 V——滤液体积，m^3；

　　V_e——过滤介质的当量滤液体积，m^3；

　　K——过滤常数，m^2/s；

　　A——过滤面积，m^2；

　　τ——相当于得到滤液 V 所需的过滤时间，s；

　　τ_e——相当于得到滤液 V_e 所需的过滤时间，s。

上式也可以写为

$$(q+q_e)^2 = K(\tau+\tau_e) \tag{2}$$

式中 q——单位过滤面积的滤液量，m^3/m^2；

　　q_e——单位过滤面积的当量滤液量，m^3/m^2。

2. 过滤常数 K、q_e、τ_e 的测定

将式(2) 对 q 求导，可得

$$\frac{\mathrm{d}\tau}{\mathrm{d}q} = \frac{2}{K}q + \frac{2}{K}q_e \tag{3}$$

这是一个直线方程式，以 $\mathrm{d}\tau/\mathrm{d}q$ 对 q 在普通坐标纸上进行标绘必得一直线，其斜率为 $2/K$，截距为 $2q_e/K$。通常 $\mathrm{d}\tau/\mathrm{d}q$ 难以测定，故实验时可用 $\Delta\tau/\Delta q$ 代替 $\mathrm{d}\tau/\mathrm{d}q$，即

$$\frac{\Delta\tau}{\Delta q} = \frac{2}{K}q + \frac{2}{K}q_e$$

因此，我们只需在某一恒定压力下进行过滤，测取一系列的 q、Δq 和 $\Delta\tau$ 值，然后在直角坐标上以 $\Delta\tau/\Delta q$ 为纵坐标，q 为横坐标（由于 $\Delta\tau/\Delta q$ 的值是相对于 Δq 来讲的，因此图上 q 值应取其此区间的平均值）进行绘图，即可得到一直线。这条直线的斜率为 $2/K$，截距即为 $2q_e/K$，由此可求出 K 及 q_e，再以 $q=0$，$\tau=0$ 代入式(2) 即可求得 τ_e。

3. 洗涤速率与最终过滤速率的关系

洗涤速率的计算：

$$\left(\frac{\mathrm{d}V}{\mathrm{d}\tau}\right)_{洗} = \frac{V_w}{\tau_w} \tag{4}$$

式中 V_w——洗液量，m^3；

　　τ_w——洗涤时间，s。

最终过滤速率的计算：

$$\left(\frac{\mathrm{d}V}{\mathrm{d}\tau}\right)_{终} = \frac{KA^2}{2(V+V_e)} = \frac{KA}{2(q+q_e)} \tag{5}$$

在一定压强下，洗涤速率是恒定不变的。它可以在水量流出正常后开始计量，计量多少也可根据需要决定，因此它的测定比较容易。至于最终过滤速率的测定则比较困难。因为它是一个变数，过滤操作要进行到滤框全部被滤渣充满，此时的过滤速率才是最终过滤速率。它可以从滤液量显著减少来估计，此时滤液出口处的液流由满管口变成线状流下。也可以利用作图法来确定，一般情况下，最后的 $\Delta\tau/\Delta q$ 对 q 在图上标绘的点会偏高，可在图中直线

的延长线上取点，作为过滤终了阶段来计算最终过滤速率。至于在板框式过滤机中洗涤速率是否是最终过滤速率的四分之一，可根据实验设备和实验情况，自行分析。

4. 滤浆浓度的测定

如果固体粉末的颗粒比较均匀的话，滤浆浓度和它的密度有一定的关系，因此可以量取 100mL 的滤浆称出质量，然后从浓度-密度关系曲线中查出滤浆浓度。此外，也可以利用干滤饼质量及同时得到的滤液量来计算。干滤饼要用烘干的办法来获得。如果滤浆没有泡沫时，也可以用测密度的方法来确定浓度。

本实验是根据配料时加入水和干物料的质量来计算其实际浓度的：

$$w = \frac{m_{物料}}{m_{水} + m_{物料}} = \frac{1.5}{21 + 1.5} = 0.0667$$

则单位体积悬浮液中所含固体体积 φ：

$$\varphi = \frac{w/\rho_P}{w/\rho_P + (1-w)/\rho_水} \tag{6}$$

式中，ρ_P 为固体颗粒密度。

5. 比阻 r 与压缩指数 s 的求取

因过滤常数 K 与过滤压力有关，表面上看只有在实验条件与工业生产条件相同时才可直接使用实验测定的结果。实际上这一限制并非必要，如果能在几个不同的压差下重复过滤实验（注意，应保持在同一物料浓度、过滤温度条件下），从而求出比阻 r 与压差 Δp 之间的关系，则实验数据将具有更广泛的使用价值。

$$r = \frac{2\Delta p}{K\mu\varphi} \tag{7}$$

式中　μ——实验条件下水的黏度，Pa·s；

　　　φ——实验条件下单位体积滤液所对应的滤饼体积，m^3 滤饼/m^3 滤液；

　　　K——不同压差下的过滤常数，m^2/s；

　　　Δp——过滤压差，Pa。

根据不同压差下求出的过滤常数计算出对应的比阻 r，对不同压差 Δp 与比阻 r 回归，求出其间关系：

$$r = a\Delta p^b \qquad 即 \ r = r_0\Delta p^s \tag{8}$$

式中　s——压缩指数，对不可压缩滤饼 $s = 0$，对可压缩滤饼 s 为 0.2～0.8；

　　　r_0——单位压差下滤饼的比阻，$1/m^2$。

三、实验装置与流程

1. 工艺流程图

实验流程与实验装置如图 1 和图 2 所示。

2. 流程说明

料液：料液由配浆槽经加压罐进料阀 VA05 进入加压罐，自加压罐底部，经料液进口阀 VA10 进入板框过滤机滤框内，通过滤布过滤后，滤液汇集至引流板，经滤液出口阀 VA09 流入计量罐；加压罐内残余料液可经加压罐残液回流阀 VA14 返回配浆槽。

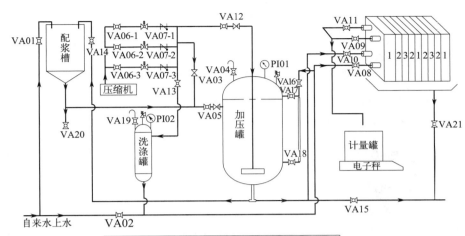

过滤常数测定
实验视频

图 1　过滤常数测定实验流程图

VA01—配浆槽上水阀；VA02—洗涤罐加水阀；VA03—气动搅拌阀；VA04—加压罐放空阀；VA05—加压罐进料阀；
VA06-1—0.1MPa 进气阀；VA06-2—0.15MPa 进气阀；VA06-3—0.2MPa 进气阀；VA07-1—0.1MPa 稳压阀；
VA07-2—0.15MPa 稳压阀；VA07-3—0.2MPa 稳压阀；VA08—洗涤水进口阀；VA09—滤液出口阀；
VA10—滤浆进口阀；VA11—洗涤水出口阀；VA12—加压罐进气阀；VA13—洗涤罐进气阀；VA14—加压罐
残液回流阀；VA15—放净阀；VA16—液位计洗水阀；VA17—液位计上口阀；VA18—液位计下口阀；
VA19—洗涤罐放空阀；VA20—配浆槽放料阀；VA21—板框排污阀；PI01—加压罐压力；PI02—洗涤罐压力

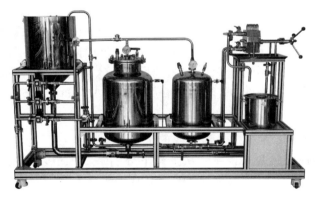

图 2　实验装置图

　　气路：带压空气由压缩机输出，经进气阀、稳压阀、加压罐进气阀进入加压罐内；或者
经气动搅拌阀 VA03 进入配浆槽，洗涤罐进气阀 VA13 进入洗涤罐。

3. 设备仪表参数

　　物料加压罐：罐尺寸 ϕ325mm×370mm，总容积为 38L，液面不超过进液口位置，有效
容积约 21L。

　　配浆槽：尺寸为 ϕ325mm，直筒高 370mm，锥高 150mm，锥容积 4L。

　　洗涤罐：ϕ159mm×300mm，容积为 6L。

　　板框过滤机：1#滤板（非过滤板）一块；3#滤板（洗涤板）两块；2#滤框四块；两端
的两个压紧挡板，作用同 1#滤板，因此也称 1#滤板。

$$过滤面积\ A=\frac{\pi\times0.125^2}{4}\times2\times4=0.09818(\text{m}^2)$$

$$滤框厚度=12\text{mm}$$

$$四个滤框总容积\ V=\frac{\pi\times0.125^2}{4}\times0.012\times4=0.589(\text{L})$$

电子秤：量程 0~15kg，显示精度 1g。

压力表：测量范围 0~0.25MPa。

四、实验步骤

1. 板框过滤机的安装

按板、框的号数以 1-2-3-2-1-2-3-2-1 的顺序排列过滤机的板与框（顺序、方位不能错）。滤布使用前用水浸湿，再将湿滤布覆在滤框两侧，滤布要绷紧，不能起皱（滤布孔与框的孔一致）。然后用压紧螺杆压紧板和框，过滤机固定头的 4 个阀均处于关闭状态。

2. 加水操作

若使物料加压罐中有 21L 物料，配浆槽直筒内容积应为 17L，直筒内液体高为 210mm，因此，配浆槽内加水液面到上沿高应为 370－210＝160（mm），即配浆槽内定位点；然后，在洗涤罐内加水约 3/4，为洗涤做准备。

3. 配原料滤浆

在配浆槽内配制含 $MgCO_3$ 5％~7％（质量分数）的水悬浮液。按 21L 水约 21kg 计算，取轻质 $MgCO_3$ 粉末约 1.5kg，并倒入配浆槽内，加盖。启动压缩机，开启 VA06-1、0.1MPa 稳压阀 VA07-1，将气动搅拌阀 VA03 向开启方向旋转 90°，气动搅拌使液相混合均匀，关闭 VA03、VA06-1、VA07-1，将物料加压罐的放空阀 VA04 打开，开 VA05 让配浆槽内配制好的滤浆自流入加压罐内，完成放料后关闭 VA04 和 VA05。

4. 加压操作

开启 VA12，调节加压罐的压力到需要的值。本实验装置可进行三个固定压力下的过滤，分别由三个定值稳压阀并联控制，从上到下分别是 0.1MPa、0.15MPa、0.2MPa。以实验 0.1MPa 为例，开启 VA06-1、0.1MPa 稳压阀 VA07-1，使压缩空气进入加压罐下部的气动搅拌盘，气体鼓泡搅动使加压罐内的物料保持浓度均匀，同时将密封加压罐内的料液加压，当物料加压罐内的压力表 PI01 维持在 0.1MPa 时，准备过滤。

5. 过滤操作

开启板框过滤机上方的两个滤液出口阀，即 VA09 和 VA11，全开下方的滤浆进口阀 VA10，滤浆便被压缩空气的压力送入板框过滤机过滤。滤液从汇集管中流出时开始用秒表计时，同时用计量槽记录一定质量的滤液量（本实验建议每增加 500g 读取时间数据）。待滤渣充满全部滤框后（此时滤液流量很小，但仍呈线状流出），关闭滤浆进口阀 VA10，停止过滤。

6. 洗涤操作

物料洗涤时，关闭加压罐进气阀 VA12，打开连接洗涤罐的压缩空气进气阀 VA13，压缩空气进入洗涤罐，维持洗涤压力与过滤压力一致。关闭过滤机固定头滤液出口阀 VA09，开启左下方的洗涤水进口阀 VA08，洗涤水经过滤渣层后流入称量筒，测取相关数据。

7. 卸料操作

洗涤完毕后，关闭洗涤水进口阀 VA08，旋开压紧螺杆，卸出滤渣，清洗滤布，整理板框。板框及滤布重新安装后，进行另一个压力操作。

8. 其它压力值过滤

由于加压罐内有足够的同样浓度的料液，按以上步骤 4～7，调节过滤压力，依次进行其余两个压力下的过滤操作。

9. 实验结束

全部过滤洗涤结束后，关闭洗涤罐进气阀 VA13，打开加压罐进气阀 VA12，盖住配浆槽盖，打开加压罐残液回流阀 VA14，用压缩空气将加压罐内的剩余悬浮液送回配浆槽内贮存，关闭加压罐进气阀 VA12。

10. 清洗加压罐及其液位计

打开加压罐放空阀 VA04，使加压罐保持常压。关闭加压罐液位计上口阀 VA17，打开洗涤罐进气阀 VA13，打开高压清水阀 VA16，让清水洗涤加压罐液位计，以免剩余悬浮液沉淀，堵塞液位计、管道和阀门等。清洗完成后，关闭洗涤罐进气阀 VA13，停压缩机。

五、实验数据记录与处理

数据记录见下表。

过滤常数测定实验数据表

序号	m /kg	V /m³	τ /s	$\Delta\tau$ /s	q /(m³/m²)	$\Delta\tau/\Delta q$ /(s/m)
1	0.50	0.50				
2	1.00	1.00				
3	1.50	1.50				
4	2.00	2.00				
5	2.50	2.50				
6	3.00	3.00				
7	3.50	3.50				
8	4.00	4.00				

作图得 $\Delta\tau/\Delta q\text{-}q$ 的关系，线性回归得斜率值和截距值，则

由斜率值$=2/K$，得出 $K=$＿＿＿＿＿＿。

由截距值$=2q_e/K$，得出 $q_e=$＿＿＿＿＿＿。

最后算出 $\tau_e=q_e^2/K=$＿＿＿＿＿＿。

六、注意事项

1. 用螺旋压紧时，先慢慢转动手轮使板框合上，然后再压紧，注意不要把手指压伤。
2. 实验完成后应将装置清洗干净，防止堵塞管道。
3. 长期不用时，应将罐体内液体放净。

七、思考题

1. 你的实验数据中第一点有无偏低或偏高现象？怎样解释？如何对待第一点数据？
2. 为什么过滤开始时，滤液常常有一点浑浊，过一段时间才转清？
3. 如何选择絮凝剂、助滤剂？

实验 6　传热综合实验

传热过程在自然界以及科学技术过程中无处不在，如青藏铁路是世界上海拔最高、线路最长的高原铁路，其大部分线路处于高海拔地区和"生命禁区"，尤其是其中多年冻土区长达 550km。美国旅行家保罗·泰鲁甚至曾断言"有昆仑山脉在，铁路就永远到不了拉萨"。青藏高原冻土是一种低于 0℃、含有冰的岩石和土壤层，对于季节温度变化非常敏感，受热会融化下沉，遇冷则会冻结膨胀，这会造成地基的不稳定。从 20 世纪 50 年代初期，我国专家就开始研究高原冻土问题，经过几代人的努力，科技工作者瞄准世界冻土科技前沿，利用传热基本原理，采取了一系列创新性工程措施，攻克了多年冻土这一世界性工程难题。通过了解青藏铁路曲折坎坷的建设历程，更加坚定了对中国特色社会主义道路自信、理论自信、制度自信和文化自信，激发学生的爱国主义精神。

一、实验目的

1. 了解实验流程及各设备结构（风机、蒸汽发生器、套管换热器）。
2. 用实测法和理论计算法给出管内传热膜系数 $\alpha_{测}$、$\alpha_{计}$、$Nu_{测}$、$Nu_{计}$ 及总传热系数 $K_{测}$、$K_{计}$，分别比较不同的计算值与实测值；并对光滑管与螺纹管的结果进行比较。
3. 在双对数坐标纸上标出 $Nu_{测}$、$Nu_{计}$ 与 Re 关系，最后用计算机回归出 $Nu_{测}$ 与 Re 关系，并给出回归的精度（相关系数 R）；并对光滑管与螺纹管的结果进行比较。
4. 比较两个 K 值与 α_i、α_o 的关系。
5. 了解列管换热器的内部结构和总传热系数 K 的测定方法。

二、实验原理

1. 管内 Nu、α 的测定计算

（1）管内空气质量流量的计算 G

孔板流量计的标定条件：$p_0 = 101325\text{Pa}$

$$T_0 = 273 + 20K$$

$$\rho_0 = 1.205 \text{kg/m}^3$$

孔板流量计的实际条件：$p_1 = p_0 + \text{PI01}$

$$T_1 = 273 + \text{TI01}$$

$$\rho_1 = \frac{p_1 T_0}{p_0 T_1} \rho_0$$

式中，PI01 为进气压力表读数，Pa；TI01 为进气温度，℃。

则实际风量为

$$V_1 = C_0 A_0 \sqrt{\frac{2\text{PDI01}}{\rho_1}} \times 3600 \tag{1}$$

式中　C_0——孔流系数，为 0.7；

　　A_0——孔面积，$d_0 = 0.01549\text{mm}$；

　PDI01——压差，Pa；

　　ρ_1——空气实际密度，kg/m^3。

管内空气的质量流量为

$$G = \frac{V_1 \rho_1}{3600} \tag{2}$$

（2）管内雷诺数 Re 的计算

因为空气在管内流动时，其温度、密度、风速均发生变化，而质量流量却为定值，因此，其雷诺数的计算按式（3）进行：

$$Re = \frac{du\rho}{\mu} = \frac{4G}{\pi d\mu} \tag{3}$$

上式中的物性数据 μ 可按管内定性温度 $a_t = (\text{TI12} + \text{TI14})/2$ 求出。以下计算均以光滑管为例。

（3）热负荷计算

套管换热器在管外蒸汽和管内空气的换热过程中，管外蒸汽冷凝释放出潜热传递给管内空气，我们以空气为恒算物料进行换热器的热负荷计算。

根据热量衡算式：

$$q = G \times c_p \times \Delta t \tag{4}$$

式中　Δt——空气的温升，$\Delta t = \text{TI14} - \text{TI12}$，℃；

　　c_p——定性温度下的空气恒压比热容，kJ/(kg·K)；

　　G——空气的质量流量，kg/s。

$$\text{管内定性温度 } a_t = (\text{TI12} + \text{TI14})/2 \tag{5}$$

（4）α_i 测、努塞尔数 $Nu_测$

由传热速率方程：$q = \alpha_{i测} A \Delta t_m$

$$\alpha_{i测} = \frac{q}{\Delta t_m A} \tag{6}$$

式中　A——管内表面积，m^2；

　　Δt_m——管内平均温度差，℃。

Δt_m 由下式确定：

$$\Delta t_m = \frac{\Delta t_A - \Delta t_B}{\ln\left(\dfrac{\Delta t_A}{\Delta t_B}\right)} \tag{7}$$

其中，$\Delta t_A = TI15 - TI14$，$\Delta t_B = TI13 - TI12$。

则

$$Nu_{测} = \frac{\alpha_{测} d}{\lambda} \tag{8}$$

（5）α_i 计、努塞尔数 $Nu_{计}$

$$\alpha_{i计} = 0.023 \frac{\lambda}{d} Re^{0.8} Pr^{0.4} \tag{9}$$

上式中的物性数据 λ、Pr 均按管内定性温度求出。

$$Nu_{计} = 0.023 Re^{0.8} Pr^{0.4} \tag{10}$$

（6）普朗特数计算值 $Pr_{计}$

$$Pr_{计} = \frac{c_P \mu}{\lambda} \tag{11}$$

2. 管外 α_0 测定计算

（1）管外 α_0 测

已知管内热负荷 q，管外蒸汽冷凝传热速率方程为：$q = \alpha_{o测} A \Delta t_m$

$$\alpha_{o测} = \frac{q}{\Delta t_m A} \tag{12}$$

式中　A——管外表面积，m^2；

　　　Δt_m——管外平均温度差，℃。

$$\Delta t_m = \frac{\Delta t_A - \Delta t_B}{\ln\left(\dfrac{\Delta t_A}{\Delta t_B}\right)} = \frac{\Delta t_A + \Delta t_B}{2} \tag{13}$$

其中，$\Delta t_A = TI06 - TI13$，$\Delta t_B = TI06 - TI15$。

（2）管外 α_o 计

根据蒸气在单根水平圆管外按膜状冷凝传热膜系数计算公式计算出：

$$\alpha_{o计} = 0.725 \left(\frac{\rho^2 g \lambda^3 r}{d_o \Delta t \mu}\right)^{\frac{1}{4}} \tag{14}$$

上式中有关水的物性数据均按管外膜平均温度查取。

$$a_t = \frac{TI06 + \overline{t_W}}{2} \quad \overline{t_W} = \frac{TI13 + TI15}{2} \quad \Delta t = TI06 - \overline{t_W}$$

3. 总传热系数 K 的测定计算

（1）$K_{测}$

已知管内热负荷 q，总传热方程：$q = KA\Delta t_m$

$$K_{测} = \frac{q}{A\Delta t_m} \tag{15}$$

式中　A——管外表面积，m^2；

　　　Δt_m——平均温度差，℃。

$$\Delta t_m = \frac{\Delta t_A - \Delta t_B}{\ln(\Delta t_A / \Delta t_B)} \tag{16}$$

其中，$\Delta t_A = TI06 - TI12$，$\Delta t_B = TI06 - TI14$。

（2）$K_{计}$（以管外表面积为基准）

$$\frac{1}{K_{计}} = \frac{d_o}{d_i} \times \frac{1}{\alpha_i} + \frac{d_o}{d_i} \times R_i + \frac{d_o}{d_m} \times \frac{b}{\lambda} + R_o + \frac{1}{\alpha_o} \tag{17}$$

式中　R_i，R_o——管内、外污垢热阻，可忽略不计；

　　　　λ——铜热导率，380W/（m・K）。

由于污垢热阻可忽略，铜管管壁热阻也可忽略（铜热导率很大且铜不厚，若同学有兴趣完全可以计算出来此项比较），上式可简化为

$$\frac{1}{K_{计}} = \frac{d_o}{d_i} \times \frac{1}{\alpha_i} + \frac{1}{\alpha_o} \tag{18}$$

4. 列管换热器的计算

（1）热负荷计算

根据热量衡算式：
$$q = G \times c_p \times \Delta t$$

式中　Δt——空气的温升（TI34－TI32），℃；

　　　c_p——定性温度下的空气恒压比热容，kJ/（kg・K）；

　　　G——空气的质量流量，kg/s。

管内定性温度 $a_t =$（TI32＋TI34）/2

（2）总传热系数 K 的测定

已知管内热负荷 q，总传热方程：$q = KA\Delta t_m$

$$K = \frac{q}{A\Delta t_m} \tag{19}$$

式中　A——管外表面积，m^2；

　　　Δt_m——平均温度差，℃。

$$\Delta t_m = \frac{\Delta t_A - \Delta t_B}{\ln(\Delta t_A / \Delta t_B)} \tag{20}$$

其中，$\Delta t_A =$ TI06－TI32，$\Delta t_B =$ TI06－TI34。

5. 管内外物性参数计算

（1）管内物性参数

空气的热导率与温度（管内空气定性温度）的关系式：$\lambda = 0.0753 \times a_t + 24.45$

管内空气黏度与温度（管内空气定性温度）的关系式：$\mu = 0.0492 \times a_t + 17.15$

空气的比热容与温度的关系式：60℃以下 $c_P = 1005$J/（kg・℃）

　　　　　　　　　　　　　　70℃以上 $c_P = 1009$J/（kg・℃）

（2）管外物性参数

密度与温度的关系：$\rho = 0.00002 \times t^3 - 0.0059 \times t^2 + 0.0191 \times t + 999.99$

热导率与温度的关系：$\lambda = -0.00001 \times t^2 + 0.0023 \times t + 0.5565$

黏度与温度的关系：$\mu = (0.0418 \times t^2 - 11.14 \times t + 979.02)/1000$

汽化热与温度的关系：$r = -0.0019 \times t^2 - 2.1265 \times t + 2489.3$

其中，t 皆为管外水的温度。

三、实验装置与流程

1. 实验流程

实验流程和实验装置见图 1 和图 2。

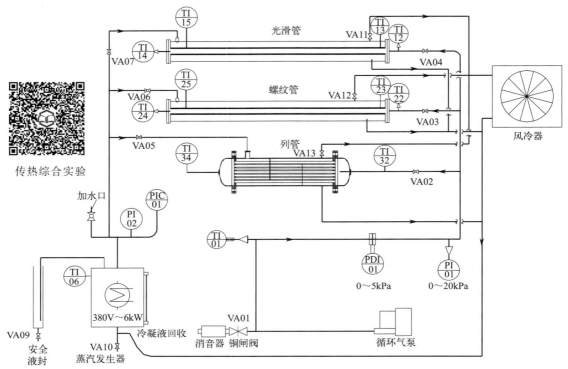

图 1 传热综合实验流程图

TI01—风机出口气温（校正用）；TI12—光滑管冷空气进气温度；TI22—螺纹管冷空气进气温度；
TI13—光滑管冷空气进口截面壁温；TI23—螺纹管冷空气进口截面壁温；TI14—光滑管冷空气出气温度；
TI24—螺纹管冷空气出气温度；TI15—光滑管冷空气出口截面壁温；TI25—螺纹管冷空气出口截面壁温；
TI32—列管冷空气进气温度；TI34—列管冷空气出气温度；TI06—蒸汽发生器内水温（管外蒸汽温度）；
VA01—放空阀；VA02—列管冷空气进口阀；VA03—螺纹管冷空气进口阀；VA04—光滑管冷空气进口阀；
VA05—列管蒸汽进口阀；VA06—螺纹管蒸汽进口阀；VA07—光滑管蒸汽进口阀；VA08—加水口阀；
VA09—液封排水口阀门；VA10—蒸汽发生器排水口阀门；VA11—光滑管出口蒸汽截止阀；
VA12—螺纹管出口蒸汽截止阀；VA13—列管出口蒸汽截止阀；PIC01、PI02—蒸汽发生器压力
（控制蒸气量用）；PI01—进气压力传感器（校正流量用）；PDI01—孔板流量计差压传感器

2. 流程说明

本装置主体套管换热器内为一根紫铜管，外套管为不锈钢管。两端法兰连接，外套管设有一对视镜，方便观察管内蒸汽冷凝情况。管内铜管测点间有效长度 1000mm。螺纹管换热器内有弹簧螺纹，作为管内强化传热与光滑管内无强化传热进行比较。列管换热器总长600mm，换热管 $\phi10$mm，总换热面积 0.8478m^2。

空气由风机送出，经转子流量计后进入被加热铜管加热升温，自另一端排出放空。在进

出口两个截面上铜管管壁内和管内空气中心分别装有 2 支热电阻，可分别测出两个截面上的壁温和管中心的温度；一个热电阻 TI01 可将孔板流量计前进口的气温测出，另一热电阻 TI06 可将蒸汽发生器内温度测出。

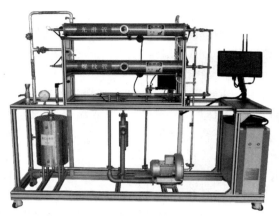

蒸汽来自蒸汽发生器，发生器内装有一组 6kW 加热源，由调压器控制加热电压以便控制加热蒸汽量。蒸汽进入套管换热器的壳程，冷凝释放潜热，为防止蒸汽内有不凝气体，本装置设置有放空口，不凝气体经风冷器冷凝后和冷凝液回流到蒸汽发生器内再利用。

图 2 传热综合实验装置

3. 设备仪表参数

套管换热器：内加热紫铜管 $\phi 22mm \times 2mm$，有效加热长度 1000mm，外抛光不锈钢套管 $\phi 76mm \times 2mm$。

列管换热器：不锈钢管，$\phi 10mm \times 1.5mm$，总长 600mm，共 45 根。

循环气泵：风压 16kPa，风量 145m^3/h，功率 850W。

蒸汽发生器：容积 20L，电加热功率 6kW。

压力传感器 PIC01：量程为 0～10kPa，使用介质是水蒸气，使用温度为 120℃。

压力传感器 PI01：量程为 0～20kPa，使用介质是水蒸气，使用温度为常温。

差压传感器 PDI01：量程为 0～5kPa，使用介质是空气，使用温度为常温。

压力表 PI02：量程 0～10kPa。

孔板流量计：孔径 $d_0 = 15.49mm$，$C_0 = 0.7$。

热电阻传感器：Pt100，精度 0.1℃。

四、实验步骤

1. 实验前准备工作

（1）检查水位：通过蒸汽发生器液位计观察蒸汽发生器内水位是否处于液位计的 50%～80%，少于 50% 需要补充蒸馏水，此时需开启 VA08，通过加水口补充蒸馏水；玻璃安全液封液位保持 10cm 左右。

（2）检查电源：检查装置外供电是否正常供电（空开是否闭合等情况）；检查装置控制柜内空开是否闭合（首次操作时需要检查，控制柜内多是电气元件，建议控制柜空开可以长期闭合，不要经常开启控制柜）。

（3）启动装置控制柜上面"总电源"和"控制电源"按钮，启动后，检查触摸屏上温度、压力等测点是否显示正常。

（4）检查阀门：调节风机放空阀 VA01 处于全开状态，先做光滑管实验时，光滑管水蒸气进口球阀 VA07、光滑管水蒸气出口截止阀 VA11、光滑管冷空气进口阀 VA04 处于开启状态，其它阀门处于关闭状态。

2. 开始实验

启动触摸屏面板上蒸汽发生器的"加热控制"按钮，选择加热模式为自动，设置压力 SV 设定 1.0～1.5kPa（建议 1.0kPa）。

（1）光滑管实验

待 TI06≥98℃时，打开光滑管冷空气进口球阀 VA03，点击监控界面"循环气泵"启动开关，启动循环气泵，调节循环气泵放空阀门 VA01，至监控界面 PDI01 示数到达 0.4kPa，等待光滑管冷空气出口温度 TI14 稳定 5min 左右不变后，点击监控界面"数据记录"记录光滑管的实验数据。然后调节循环气泵放空阀门 VA01，建议在监控界面 PDI01 示数（kPa）依次为 0.5、0.65、0.85、1.15、1.5、2.0 时，重复上述操作，依次记录 7 组实验数据，完成数据记录，实验结束。

完成数据记录后可切换阀门进行螺纹管实验，数据记录方式同光滑管实验。

（2）螺纹管实验

① 阀门切换

蒸汽转换：全开 VA06 关闭 VA07，等待两分钟后，全开 VA12。

风量切换：全开 VA03，关闭 VA04。

② 调节放空阀 VA01 控制风量至孔板压差 PDI01 值到达预定值，等待螺纹管冷空气出口温度 TI24 稳定 5min 左右不变后，即可记录数据。

建议风量调节按如下孔板压差 PDI01 显示（kPa）记录：0.4、0.5、0.65、0.85、1.15，取 5 个点即可。

完成数据记录后可切换阀门进行列管实验，数据记录方式同光滑管实验。

（3）列管实验

① 阀门切换

蒸汽转换：全开 VA05，关闭 VA06，等待两分钟后，全开 VA13。

风量切换：全开 VA02，关闭 VA03。

② 调节放空阀 VA01 控制风量至孔板压差 PDI01 值到达预定值，等待列管冷空气出口温度 TI34 稳定 5min 左右不变后，即可记录数据。

建议风量调节按如下孔板压差 PDI01 显示（kPa）记录：0.4、0.5、0.65、0.85、1.15、1.5、2.0，取 7 个点即可。

3. 实验结束

实验结束时，点击蒸汽发生器"加热控制"按钮，停止加热，点击"循环气泵"按钮，停止气泵。点击退出系统，一体机关机，关闭控制电源，关闭总电源。实验结束如超过一个月不使用，需放净蒸汽发生器和安全液封中的水，并用部分蒸馏水冲洗蒸汽发生器 2～3 次。

五、实验数据记录与处理

1. 已知数据及相关计算式

① 传热管内径：d_i=18mm，管长 L=1m

② 传热面积：$S_i=\pi d_i L$

③ 流通截面积：$F = \dfrac{\pi}{4} d_i^2$

④ 定性温度：$a_t = \dfrac{t_1 + t_2}{2}$，$t_1$、$t_2$ 分别为空气进、出口温度

⑤ 空气实际密度：$\rho_1 = \dfrac{p_1 T_0}{p_0 T_1} \rho_0$

⑥ 冷热流体间的平均温度差：$\Delta t_m = \dfrac{\Delta t_2 - \Delta t_1}{\ln \dfrac{\Delta t_2}{\Delta t_1}}$

其中，$\Delta t_1 = T_w - t_2$，$\Delta t_2 = T_w - t_1$，T_w 为管壁平均温度

⑦ 空气质量流量：$G = \dfrac{\rho_1 V}{3600}$

⑧ 传热速率：$Q = (V \times \rho_{a_t} \times c_{p,a_t} \times \Delta t)/3600$，其中 $\Delta t = t_2 - t_1$

⑨ 总传热系数：$K = \dfrac{Q}{S_i \Delta t_m}$，由于 $\alpha_i \gg \alpha_o$，故 $K = \alpha_i$

⑩ 努塞尔数：$Nu = \dfrac{\alpha_i d_i}{\lambda}$

⑪ 雷诺数：$Re = \dfrac{4G}{\pi d_i \mu}$

2. 数据记录与处理

实验数据记录与处理

项目	1	2	3	4	5	6
空气孔板流量计处温度 t/℃						
压差 Δp/Pa						
空气进口温度 t_1/℃						
空气出口温度 t_2/℃						
定性温度 a_t/℃						
密度 ρ_{a_t}/(kg/m³)						
比热容 C_{p,a_t}/[J/(kg·K)]						
热导率 λ_{a_t}/[W/(m·K)]						
黏度 μ_{a_t}/Pa·s						
普朗特数 Pr						
平均壁温 T_w/℃			100℃			
Δt_m/℃						
空气孔板流量计读数 V/(m³/h)						
空气质量流量 G/(kg/s)						
总传热速率 Q/W						
总传热系数 K/[W/(m²·K)]						
努塞尔数 Nu						
雷诺数 Re						

六、注意事项

1. 每组实验前应检查蒸汽发生器内的水位是否处于液位计的 50%，水位过低或无水，电加热会烧坏。电加热是湿式电加热，严禁干烧。

2. 必须保证蒸汽上升管线的畅通。即在给蒸汽加热釜电压之前，两蒸汽支路阀门之一必须全开。在转换支路时，应先开启需要的支路阀，再关闭另一侧，且开启和关闭阀门必须缓慢，防止管线截断或蒸汽压力过大突然喷出。

3. 必须保证空气管线的畅通。即在接通风机电源之前，两个空气支路控制阀之一和旁路调节阀必须全开。在转换支路时，应先关闭风机电源，然后开启和关闭支路。

4. 调节流量后，应至少稳定 5~10min 后读取实验数据。

5. 严禁学生打开电柜，以免发生触电。

扫码获取实验

报告样例

七、思考题

1. 在实验中，有哪些因素影响实验的稳定性？

2. 影响传热系数 K 的因素有哪些？

3. 在传热中，有哪些工程因素可以调节？你在操作中主要调节哪些因素？

实验 7　精馏综合实验

一、实验目的

1. 熟悉板式精馏塔的结构、流程及各部件的结构作用。

2. 了解精馏塔的正确操作，学会正确处理各种异常情况。

3. 用作图法确定精馏塔全回流和部分回流时理论板数，并计算出全塔效率。

4. 观察精馏塔内汽液两相的接触状态。

5. 了解我国古代酿酒技术背后的精馏原理。

二、实验原理

精馏利用液体混合物中各组分挥发度的不同而达到分离目的。此项技术现已广泛应用于石油、化工、食品加工及其它领域，其主要目的是将混合液进行分离。我国早在夏商周时期已经掌握了以小麦为原料利用发酵、精馏等步骤酿酒的技术。在精馏塔中，再沸器或塔釜产生的蒸汽沿塔逐渐上升，来自塔顶冷凝器的回流液从塔顶逐渐下降，汽液两相在塔内实现多次接触，进行传质、传热过程，轻组分上升，重组分下降，使混合液达到一定程度的分离。如果离开某一块塔板（或某一段填料）的汽相和液相的组成达到平衡，则该板（或该段填料）称为一块理论板或一个理论级。然而，在实际操作的塔板上或一段填料层中，由于汽液两相接触时间有限，汽液相达不到平衡状态，即一块实际操作的塔板（或一段填料层）的分离效果常常达不到一块理论板或一个理论级的作用。要想达到一定的分离要求，实际操作的塔板数总要比所需的理论板数多，或所需的填料层高度比理论上的高。

在板式精馏塔中，完成一定分离任务所需的理论塔板数与实际塔板数之比定义为全塔效率（或总板效率），即

$$E_T = \frac{N_T}{N_P} \tag{1}$$

式中　E_T——全塔效率；

　　　N_T——理论塔板数（不含釜）；

　　　N_P——实际塔板数。

精馏技术根据液体混合物分离的难易、分离的纯度，又可分为一般蒸馏、普通精馏及特殊精馏等，本实验将乙醇-水溶液置于筛板精馏塔中利用普通精馏技术对该混合物进行分离处理。

1. 乙醇-水系统特征

由于乙醇-水系统属于非理想溶液，具有较大正偏差，最低恒沸点为 78.15℃，恒沸组成为 0.894（乙醇摩尔分数），因此利用普通精馏技术，精馏塔塔顶组成 x_D 不会超过 0.894，若要达到更大纯度需求，则需采用其它特殊精馏方法。此外，该体系为非理想体系，平衡曲线不能用相平衡方程来描述，只能用原平衡数据通过作图的方法来表示（图 1）。

2. 全回流操作

全回流操作的特点有：①塔与外界无物料流。②操作线方程为 $y_n = x_{n-1}$。③$x_D - x_W$ 最大化，即理论板数最小化。全回流操作没有生产能力，在实际工业生产中应用于设备的开停车阶段，使系统运行尽快达到稳定。

全回流操作下确定理论板数只需要确定 x_D 和 x_W 数值，然后通过图解法就可以得到对应的理论板数（图 2）。

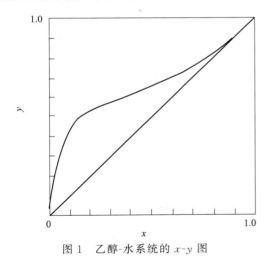

图 1　乙醇-水系统的 x-y 图

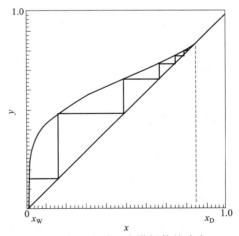

图 2　全回流时理论塔板数的确定

3. 部分回流操作

可以测出以下数据。

温度/℃：t_D、t_F、t_W

组成/(mol/mol)：x_D、x_F、x_W

流量/(L/h)：F、D、L（塔顶回流量）

回流比 R：

$$R = L/D \tag{2}$$

精馏段操作线：

$$y = \frac{R}{R+1}x + \frac{x_D}{R+1} \tag{3}$$

进料热状况 q：

根据 x_F 在 t-x-y 相图中可分别查出露点温度 t_V 和泡点温度 t_L。

$$q = \frac{I_V - I_F}{I_V - I_L} = \frac{1\text{kmol 原料变成饱和蒸气所需的热量}}{\text{原料的摩尔汽化热}} \tag{4}$$

$$I_V = x_F I_A + (1 - x_F)I_B = x_F[c_{pA}(t_V - 0) + r_A] + (1 - x_F)[c_{pB}(t_V - 0) + r_B] \tag{5}$$

$$I_L = x_F I_A + (1 - x_F)I_B = x_F[c_{pA}(t_L - 0)] + (1 - x_F)[c_{pB}(t_L - 0)] \tag{6}$$

$$I_F = x_F I_A + (1 - x_F)I_B = x_F[c_{pA}(t_F - 0)] + (1 - x_F)[c_{pB}(t_F - 0)] \tag{7}$$

式中 c_{pA}，c_{pB}——乙醇和水在定性温度下的比热容，kJ/(kg·K)；

$\quad\quad\ r_A$，r_B——乙醇和水在露点温度 t_V 下的汽化潜热，kJ/kg；

$\quad\quad\ I_L$——在组成 x_F、泡点 t_L 下，饱和液体的焓；

$\quad\quad\ I_V$——在组成 x_F、露点 t_V 下，饱和蒸气的焓；

$\quad\quad\ I_F$——在组成 x_F、实际进料温度 t_F 下，原料实际的焓。

本次实验进料是常温下（冷液）进料，$t_F < t_L$。

q 线方程：

$$y_q = \frac{q}{q-1}x_q - \frac{x_F}{q-1}$$

d 点坐标：根据精馏段操作线方程和 q 线方程可解得其交点坐标 (x_d, y_d)。

提馏段操作线方程：

根据 (x_w, y_w) (x_d, y_d) 两点坐标，利用两点式可求得提馏段操作线方程。

根据以上计算结果，作出相图。

根据作图法求算出部分回流下的理论板数 N_T（图 3）。

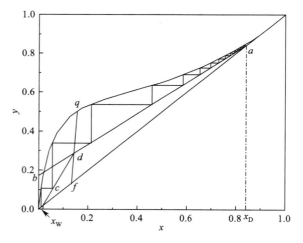

图 3　部分回流理论塔板数的确定

三、实验装置与流程

1. 实验装置

实验流程与实验装置见图 4、图 5。

2. 流程说明

进料：进料泵（齿轮泵）从原料罐内抽出原料液，经流量计 FI05 后，进入塔内，可通过调节转速控制流量（0～160mL/min）。此外，齿轮泵用于塔釜液循环使用以及原料的搅拌。

塔顶出料：塔内蒸汽经塔顶冷凝器换热，蒸汽走壳程，冷却水走管程，蒸汽冷凝成液体，经回流比控制器系统，一路经转子流量计 FI01 后回流到塔内，一路经转子流量计 FI02，进入产品罐。回流控制具有自动和手动两种模式。

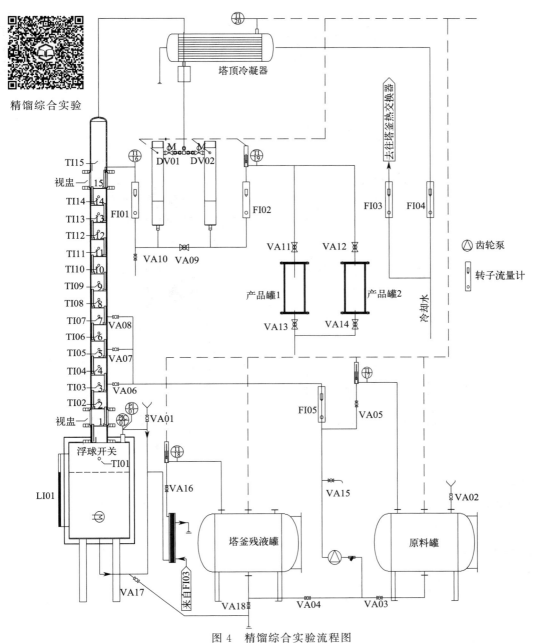

图 4 精馏综合实验流程图

VA01—塔釜再沸器加料阀；VA02—原料罐加料阀；VA03—原料罐底部出料阀；VA04—塔釜残液罐底部出料阀；

VA05—循环混料阀；VA06—低组分进料阀；VA07—中组分进料阀；VA08—高组分进料阀；VA09—手/自动切换阀；

VA10—回流取样阀；VA11—产品罐1进料阀；VA12—产品罐2进料阀；VA13—产品罐1放净阀；

VA14—产品罐2放净阀；VA15—原料取样阀；VA16—再沸器放净/取样阀；VA17—塔釜放净阀；

VA18—塔釜残液罐放净阀；TI01—塔釜再沸器温度；TI02～TI14—筛板塔塔板温度；TI15—塔顶放空温度；

TI16—回流温度；TI17—原料液温度；TI18—塔釜残液温度；TI19—产品温度；TI20—尾气温度；PIC01—塔釜

再沸器压力控制；PI01—塔釜再沸器压力显示；FI01—产品回流流量计；FI02—产品采出流量计；

FI03—塔釜残液冷却水流量计；FI04—塔顶冷凝器冷却水流量计；FI05—原料液进料流量计

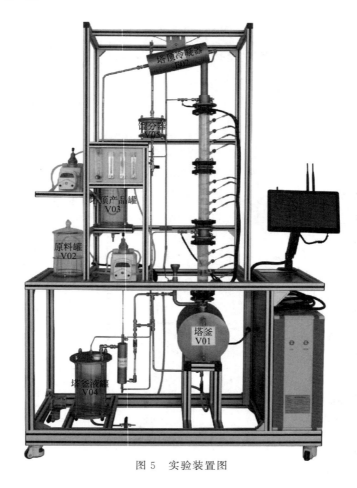

图 5 实验装置图

塔釜出料：塔釜溢流液与塔釜热交换器换热后，流入塔釜残液罐。

冷却水：冷却水流出一路经流量计 FI04 计量流入塔顶冷凝器换热，换热后流入地沟；一路经流量计 FI03 流入塔釜热交换器，进行换热，换热后排入地沟。

3. 设备仪表参数

精馏塔：塔内径 $D=68\text{mm}$，塔内采用筛板及圆形降液管，共有 15 块板。

塔板：筛板上孔径 $d=3.0\text{mm}$，筛孔数 $N=50$ 个，开孔率 9.73%。

流量计测量范围：FI05 为 16～160mL/min，FI01 为 16～160mL/min，FI02 为 4～40mL/min，FI04 为 1～18L/min；FI03 为 16～160L/h。

总加热功率：$3\times1.5\text{kW}$。

压力传感器：0～10kPa。

温度传感器：Pt100。

四、实验步骤

1. 开车前准备阶段

（1）检查装置阀门，所有阀门均处于关闭状态。

（2）打开控制柜面板上"总电源"旋钮，检查触摸屏上压力、液位、温度和流量显示数值显示是否正常（若不正常，关闭总电源，重启系统），检查产品罐内是否放净。

（3）查看塔釜液位，若塔釜液位低于 250mm，则打开阀 VA01，向釜内加入清水（也可以将约 5% 的乙醇水溶液直接加入釜中，这样可以减少全回流稳定时间），直至塔釜液位不发生变化为止。

（4）设定塔釜压力 1.0kPa，点击"开始"按钮，进行塔釜加热。

（5）打开阀 VA02、VA03 和 VA05，向原料罐中加入 3L 水和 1L 乙醇溶液，关闭阀 VA02，启动齿轮泵，对溶液进行循环搅拌，约 5min 后，关闭阀 VA05，打开取样阀 VA15，取样，对原料液实际浓度进行测量。

2. 全回流操作

（1）当塔釜温度 TI01＞85℃时，打开冷却水，控制 FI04 的流量为 11L/min；FI03 流量为 60L/h。

（2）打开 FI01、FI02 流量计，当回流流量计 FI01 有稳定流量时，观察塔板温度 TI07，若大于 85℃，则向塔内进料。

（3）在触摸屏点击"进料泵启动"按钮，设定齿轮泵流量为 80mL/min，调整 FI05 流量为 80mL/min，打开进料阀 VA08，可观察到 TI07 温度逐渐下降，当温度接近 85℃时，可逐渐减小进料量，控制 TI07 温度在 80～85℃之间；若小于 80℃，则说明塔内乙醇含量较高，需要采出。操作为：点击触摸屏回流比控制器"启动"，回流比设定为 4，可观察到 TI07 温度逐渐上升，当温度接近 82℃时，点击触摸屏回流比控制器"停止"，使得 TI07 温度在 80～85℃之间。

3. 部分回流

（1）当全回流操作稳定后，点击触摸屏回流比控制器"启动"，设定回流比 R（建议 R 为 4、8）（手动模式下，打开 VA09 手/自动切换阀，按回流比调整 FI01 和 FI02 流量）。

（2）点击触摸屏上"进料泵启动"按钮，在弹出窗口中输入设定进料泵流量为 120mL/min，调整 FI05 流量约为 120mL/min。流量设定大小以 TI07 的温度为参照，当温度低于 80℃时，应逐渐减小进料泵流量，当高于 85℃时，应增大进料泵流量。

（3）当精馏塔状态稳定后，需要对塔顶产品采样时，缓慢打开阀 VA10 取样，对塔釜产品取样需要打开阀 VA16。

（4）记录进料流量、采出流量、回流流量以及塔釜到塔顶的温度。

4. 停车

（1）实验完毕，关闭进料泵，设定回流比控制器 R＝2，当 TI15＞85℃时，关闭回流比控制器，点击塔釜加热"停止"。

（2）当 TI15＜75℃时关闭冷水机，关闭总开关，若装置长时间不用，应放净装置内的水。

五、实验数据记录与处理

记录有关实验数据于表 1 和表 2 中，用作图法求得理论塔板数。

表 1　塔顶产品、进料液、塔釜产品实验数据

回流比 $R=L/D=$					
	进料液 F		塔顶产品 D		塔釜产品 W
流量/（mL/min）					
乙醇质量分数/%					

表 2　塔釜和塔板温度数据

塔板	塔釜 TI01	第 2 块 TI02	第 3 块 TI03	第 4 块 TI04	第 5 块 TI05
温度/℃					
塔板	第 6 块 TI06	第 7 块 TI07	第 8 块 TI08	第 9 块 TI09	第 10 块 TI10
温度/℃					
塔板	第 11 块 TI11	第 12 块 TI12	第 13 块 TI13	第 14 块 TI14	第 15 块 TI15
温度/℃					

六、注意事项

1. 每组实验前应观察蒸汽发生器内的水位，水位过低或无水，电加热会烧坏。因为电加热是湿式，必须在塔釜有足够液体时（必须掩埋住电加热管）才能启动电加热，否则，会烧坏电加热。因此，严禁塔釜干烧。

2. 塔釜出料操作时，应紧密观察塔釜液位，防止液位过高或过低。严禁无人看守塔釜放料操作。

3. 长期不用时，应将设备内水放净。在冬季室内温度达到冰点时，设备内严禁存水。

4. 严禁不经过同意打开电柜，以免发生触电。

七、思考题

1. 要保证精馏塔操作稳定，必须从哪几个方面考虑？

2. 进料热状况、进料位置和进料组成对理论塔板数有无影响？为什么？

3. 精馏塔在操作过程中，由于塔顶采出率太大而造成产品不合格，恢复正常的最快、最有效的方法是什么？

4. 在本实验中，进料热状况为冷态进料，当进料量太大时，为什么会出现精馏段干板，甚至出现塔顶既没有回流又没有出料的现象？应如何调节？

实验 8　吸收与解吸实验

当气体混合物与适当的液体接触时，气体中的一种或几种组分溶解于液体中，而不能溶解的组分仍留在气体中，使气体混合物得到分离，这种利用气体混合物中各组分在液体中的溶解度不同来分离气体混合物的单元操作称为吸收操作。吸收是重要的化工单元操作之一，是处理有害气体的主要方法。中国化工产业经过几十年的发展，已成为全球最大的化工产品销售国，但化工产业发展带来的严重污染事故也给人民的生活带来了巨大的危害，化工行业实现绿色低碳势在必行。党的十八届五中全会提出"创新、协调、绿色、开放、共享"五大发展理念，将绿色发展作为关系我国发展全局的一个重要理念，通过学习吸收与解吸单元操作树立绿色发展理念。

一、实验目的

1. 了解吸收与解吸装置的设备结构、流程和操作；
2. 学会吸收塔传质系数的测定方法，了解气速和喷淋密度对吸收总传质系数的影响；
3. 学会解吸塔传质系数的测定方法，了解影响解吸传质系数的因素；
4. 练习吸收与解吸联合操作，观察塔釜溢流及液泛现象。

二、实验原理

1. 填料塔流体力学性能测定

气体在填料层内的流动一般处于湍流状态。在干填料层内，气体通过填料层的压降与流速（或风量）的关系成正比。

当气液两相逆流流动时，液膜占去了一部分气体流动的空间。在相同的气体流量下，填料空隙间的实际气速有所增加，压降也有所增加。同理，在气体流量相同的情况下，液体流量越大，液膜越厚，填料空间越小，压降也越大。因此，当气液两相逆流流动时，气体通过填料层的压降要比干填料层大。

当气液两相逆流流动时，低气速操作，膜厚随气速变化不大，液膜增厚所造成的附加压降并不显著。此时压降曲线基本与干填料层的压降曲线平行。气速再提高到一定值时，由于液膜增厚对压降影响显著，此时压降曲线开始变陡，这些点称为**载点**。不难看出，载点的位置不是十分明确的，但它提示人们，自载点开始，气液两相流动的交互影响已不容忽视。

自载点以后，气液两相的交互作用越来越强，当气液流量达到一定值时，两相的交互作用恶性发展，将出现液泛现象，在压降曲线上压降急剧升高，此点称为**泛点**。

对于本实验装置，为避免由于液泛导致测压管线进水，更为严重的是防止取样管线进水，对在线取样泵和色谱造成损坏，因此，我们只要一看到塔内明显出现液泛（一般在最上面的填料表面先出现液泛，液泛开始时，上填料层开始积聚液体），即刻调小风量。

本装置采用给定水量恒定，测出不同风量下的压降。

① 风量的测定　可由流量计直接读取。

② 塔压差的读取　可从压力表上直接读取。

2. 吸收体积传质系数 $K_x a$ 的测定（吸收实验）

体积传质系数 $K_x a$ 是反应填料塔性能的主要参数之一。在假定 $K_x a$ 为常数、等温、低浓度气体吸收条件下推导出吸收速率方程：

$$G_a = K_x a V \Delta x_m \tag{1}$$

式中　$K_x a$——液相体积传质系数，$kmol/(m^3 \cdot h)$；

$\quad\quad G_a$——填料塔单位时间内 O_2 吸收量，$kmol/h$；

$\quad\quad V$——填料层的体积，m^3；

$\quad\quad \Delta x_m$——填料塔的平均推动力，液相对数平均浓度差。

可知体积传质系数 $K_x a$ 为

$$K_x a = \frac{G_a}{V \Delta x_m} \tag{2}$$

填料体积已知，只要测得 G_a 和 Δx_m 即可计算出吸收体积传质系数 $K_x a$。

（1）G_a 的计算

对全塔进行物料衡算，可得

$$G_a = L_S(X_1 - X_2) = G_B(Y_1 - Y_2) \tag{3}$$

式中　L_S——吸收剂水的流量，kmol/h；

X_1——吸收塔出塔液相组成；

X_2——吸收塔进塔液相组成，若清水吸收，$X_2 = 0$；

G_B——惰性气体空气流量，kmol/h；

Y_1——进塔气相组成；

Y_2——出塔尾气组成。

其中，由转子流量计可分别测得清水流量 V_S（L/h）和空气流量 V_B（m^3/h）（显示流量应校准为 20℃、101.325kPa 标准状况下的流量）。

对于液体转子流量计，密度几乎保持不变，故 $V_S = V_{S计}$。

对于气体转子流量计，根据气体转子流量计校准公式获得：

$$V_B = \frac{V_{B计} \, T_1 p_1}{T_2 p_2} \tag{4}$$

式中　p_1——标准状况下大气压 101.325kPa；

T_1——293K；

p_2——实际操作气压近似等同于常压；

T_2——因为气体流量很小，风温近似等同于实际操作温度，K；

$V_{B计}$——$V_{air} + V_{O_2}$。

可得到 L_S、G_B：

$$L_S = \frac{V_S \rho_水}{M_水} \tag{5}$$

$$G_B = \frac{V_B \rho_0}{M_{空气}} \tag{6}$$

式中　$\rho_水$——清水密度，根据对应水温查得，kg/m^3；

$M_水$——水的摩尔质量，18.02g/mol；

ρ_0——标准状况下空气密度，1.205kg/m^3；

$M_{空气}$——空气的摩尔质量，29g/mol。

因此可计算出 L_S、G_B。

由实验可测得出塔、进塔水中溶氧量，记为 m_1、m_2，单位 mg/L，则：

$$X_1 = \frac{m_1/32000}{1000/18} = \frac{m_1}{1.78} \times 10^{-6} \tag{7}$$

$$X_2 = \frac{m_2/32000}{1000/18} = \frac{m_2}{1.78} \times 10^{-6} \tag{8}$$

Y_1、Y_2 计算：

$$Y_1 = \frac{\dfrac{V_{O_2}}{22.4} + 0.213 \times \dfrac{V_{air}}{22.4}}{\dfrac{V_{air}}{22.4} - 0.213 \times \dfrac{V_{air}}{22.4}} \tag{9}$$

$$Y_2 = Y_1 - \frac{G_a}{G_B} \tag{10}$$

（2）填料体积 V

填料塔内径为 80mm，填料层高度为 850mm。因此填料层体积：

$$V = \frac{\pi d^2}{4}h = \frac{3.1416 \times 0.08^2}{4} \times 0.85 = 0.00427 \text{m}^3 \tag{11}$$

（3）Δx_m 的计算

填料塔的平均推动力：

$$\Delta x_m = \frac{\Delta x_1 - \Delta x_2}{\ln \dfrac{\Delta x_1}{\Delta x_2}} \tag{12}$$

$$\Delta x_2 = x_{e2} - x_2 \tag{13}$$

$$\Delta x_1 = x_{e1} - x_1 \tag{14}$$

$$x_{e2} = \frac{y_2}{m} \tag{15}$$

$$x_{e1} = \frac{y_1}{m} \tag{16}$$

其中，氧气在不同温度下的亨利系数的计算公式为

$$E = (-8.5694 \times 10^{-5} t^2 + 0.07714t + 2.56) \times 10^6 \tag{17}$$

$$m = \frac{E}{P} \tag{18}$$

式中　t——溶液温度，℃；

　　　E——亨利系数，kPa。

（4）液相总传质单元高度 H_{OL} 计算

$$H_{OL} = \frac{L_S}{K_x a} \tag{19}$$

（5）操作中传质单元数 N_{OL} 计算

$$N_{OL} = \frac{h_0}{H_{OL}} \tag{20}$$

式中　h_0——填料总高度，850mm。

3. 解吸体积传质系数 $K_x a$ 的测定（解吸实验）

解吸速率方程：

$$G_a = K_x a V \Delta x_m \tag{21}$$

式中　$K_x a$——解吸体积传质系数，kmol/(m³·h)；

　　　G_a——填料塔单位时间内 O_2 解吸量，kmol/h；

V——填料层的体积，m^3；

Δx_m——填料塔的平均推动力，液相对数平均浓度差。

$$K_x a = \frac{G_a}{V \Delta x_m} \tag{22}$$

同理，填料体积 V 已知，只要测出 G_a 和 Δx_m 则可计算出解吸传质系数 $K_x a$。

（1）G_a 的计算

对全塔进行物料衡算，可得：

$$G_a = L_S(X_2 - X_1) = G_B(Y_2 - Y_1) \tag{23}$$

式中 L_S——解吸剂水的流量，kmol/h；

X_1——解吸塔出塔液相组成；

X_2——解吸塔进塔液相组成；

G_B——惰性气体空气流量，kmol/h；

Y_1——解吸塔进塔气相组成；

Y_2——解吸塔出塔尾气组成。

其中，由转子流量计可分别测得水流量 V_S（L/h）和空气流量 V_B（m^3/h）（显示流量应校准为 20℃、101.325kPa 标准状况下的流量）。

对于液体转子流量计，密度几乎保持不变，故 $V_S = V_{S计}$。

对于气体转子流量计，根据气体转子流量计校准公式获得：

$$V_B = \frac{V_{B计}}{T_2 p_2} T_1 p_1 \tag{24}$$

式中 p_1——标准状况下大气压，101.325kPa；

T_1——293K；

p_2——实际操作气压近似等同于常压；

T_2——因为气体流量很小，风温近似等同于实际操作温度，K；

$V_{B计}$——$V_{air} + V_{O_2}$。

可得到 L_S、G_B：

$$L_S = \frac{V_S \rho_水}{M_水} \tag{25}$$

$$G_B = \frac{V_B \rho_0}{M_{空气}} \tag{26}$$

式中 $\rho_水$——清水密度，根据对应水温查得，kg/m^3；

$M_水$——水的摩尔质量，18.02g/mol；

ρ_0——标准状况下空气密度，1.205kg/m^3；

$M_{空气}$——29g/mol。

因此可计算出 L_S、G_B。

由实验可测得出塔、进塔水中溶氧量记为 m_1、m_2，单位 mg/L，则：

$$X_1 = \frac{m_1/32000}{1000/18} = \frac{m_1}{1.78} \times 10^{-6} \tag{27}$$

$$X_2 = \frac{m_2/32000}{1000/18} = \frac{m_2}{1.78} \times 10^{-6} \tag{28}$$

Y_1、Y_2 计算：

$$Y_1 = \frac{\dfrac{V_{O_2}}{22.4} + 0.213 \times \dfrac{V_{air}}{22.4}}{\dfrac{V_{air}}{22.4} - 0.213 \times \dfrac{V_{air}}{22.4}} \tag{29}$$

$$Y_2 = Y_1 - \frac{G_a}{G_B} \tag{30}$$

（2）填料体积 V

填料塔内径为 80mm，填料层高度为 850mm。因此填料层体积：

$$V = \frac{\pi d^2}{4} h = \frac{3.1416 \times 0.08^2}{4} \times 0.85 = 0.00427\,(m^3) \tag{31}$$

（3）Δx_m 的计算

填料塔的平均推动力：

$$\Delta x_m = \frac{\Delta x_1 - \Delta x_2}{\ln \dfrac{\Delta x_1}{\Delta x_2}} \tag{32}$$

$$\Delta x_2 = x_{e2} - x_2 \tag{33}$$

$$\Delta x_1 = x_{e1} - x_1 \tag{34}$$

$$x_{e2} = \frac{y_2}{m} \tag{35}$$

$$x_{e1} = \frac{y_1}{m} \tag{36}$$

其中，相平衡常数 m 可以通过下式计算：

$$m = -0.0003t^3 + 0.0816t + 2.5447 \tag{37}$$

$$x_1 = \frac{X_1}{X_1 + 1} = \frac{m_1}{m_1 + 1.78 \times 10^6} \tag{38}$$

$$x_2 = \frac{X_2}{X_2 + 1} = \frac{m_2}{m_2 + 1.78 \times 10^6} \tag{39}$$

$$y_1 = \frac{Y_1}{Y_1 + 1} \tag{40}$$

$$y_2 = \frac{Y_2}{Y_2 + 1} \tag{41}$$

三、实验装置与流程

1. 实验装置

实验流程和实验装置见图 1 和图 2。

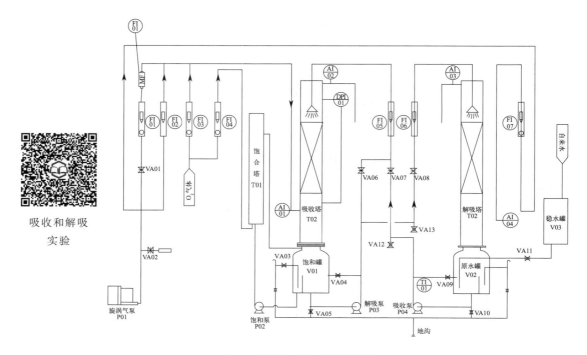

吸收和解吸
实验

图 1　吸收与解吸实验流程图

VA01—流量调节阀；VA02—旁路放空阀；VA03—吸收塔塔底罐溢流阀；VA04—解吸液泵排气阀；
VA05—吸收塔塔底罐放净阀；VA06—填料塔流体力学吸收塔进水阀；VA07—吸收塔进水阀；
VA08—解吸塔进水阀；VA09—吸收液泵排气阀进水调节阀；VA10—解吸塔塔底罐放净阀；
VA11—进水调节阀；VA12—吸收塔进水取样阀；VA13—解吸塔进水取样阀；AI01—吸收塔进气
检测点；AI02—吸收塔出气检测点；AI03—解吸塔出气检测点；AI04—解吸塔进气检测点

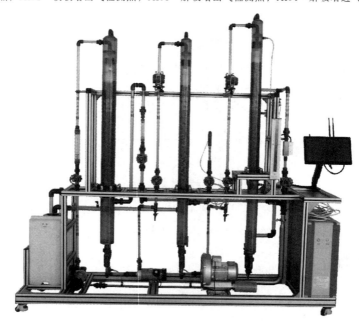

图 2　吸收与解吸实验装置

2. 流程说明

本实验是在填料塔中用水吸收空气和 O_2 混合气中的 O_2，和用空气解吸水中的 O_2 以分别求取填料塔的吸收传质系数和解吸传质系数。

（1）空气　空气来自风机出口总管，分成三路。第一路经流量计 FI02 与来自 FI03 转子流量计的 O_2 混合后进入填料吸收塔底部，与塔顶喷淋下来的吸收剂（自来水）逆流接触吸收，吸收后的尾气排入大气；第二路经流量计 FI01 与塔顶喷淋下来的循环水逆流接触，测定填料塔流体力学性能；第三路经流量计 FI07 进入填料解吸塔底部，与塔顶喷淋下来的含 O_2 水溶液逆流接触进行解吸，解吸后的尾气排入大气。

（2）O_2　钢瓶中的 O_2 经减压阀后经 O_2 总管，一路经 FI03 转子流量计，后与空气混合进入吸收塔，一路经 FI04 转子流量计，后经饱和塔与空气混合进入吸收塔。

（3）水　吸收用水直接为自来水，经稳水罐到原水罐用吸收泵经 FI05 送入吸收塔顶，水吸收氧气后进入吸收塔塔底罐，解吸泵经 FI06 送入解吸塔顶，到达解吸塔塔底罐。

3. 设备仪表参数

吸收塔：塔内径 80mm；填料层高 850mm；填料为不锈钢压延环。

解吸塔：塔内径 80mm；填料层高 850mm；填料为不锈钢 θ 环。

风机：旋涡气泵，6kPa，55m^3/h。

泵：扬程 14m，流量 3.6m^3/h。

饱和罐：20L。原水罐：20L。

温度：Pt100 传感器，精度 0.1℃。

流量计测量范围：水转子流量计 25～250L/h，0.5%；气相转子流量计分别为 0～18m^3/h、0.016～0.16m^3/h、0.1～1m^3/h。

四、实验步骤

（一）开车准备阶段

（1）熟悉：按事先（实验预习时）分工，熟悉流程及各测量仪表的作用。

（2）检查：打开总开关，检查各阀门状态，阀门 VA02 处于全开状态，阀门 VA04 和 VA09 处于半开状态，其它阀门处于关闭状态；打开总电源，检查压差、温度、流量数值显示是否正常（若不正常，关闭总开关，重启系统）。

（3）灌塔：打开自来水，打开进水阀 VA11，解吸塔塔底罐加水至溢流，启动吸收泵 P04，打开阀 VA07、VA03，调节 FI05，对吸收塔进行灌塔，至吸收塔塔底罐溢流。关闭吸收泵 P04，关闭阀 VA07、VA03、VA11，关闭自来水。

（二）实验阶段

1. 填料塔流体力学测定实验

（1）阀门操作：阀 VA03、VA01 处于关闭状态，阀 VA02 处于全开状态。

（2）干塔实验：调节阀 VA01，控制流量计 FI01 流量依次为 2m^3/h、4m^3/h、6m^3/h、8m^3/h、10m^3/h，并分别点击记录数据。

（3）湿塔实验（测量液泛点）：VA03 处于关闭状态，打开解吸泵 P03、阀 VA06，并调节 FI05 流量为 100L/h 至稳定，然后调节 VA01 和 VA02，控制 FI03 流量依次为 $2m^3/h$、$4m^3/h$、$6m^3/h$、$8m^3/h$、$10m^3/h$，点击记录数据。

（4）不同气液比操作：FI05 依次调节为 150L/h、200L/h，重复步骤（3）。

（5）关机操作：实验完毕后，应先关闭旋涡气泵，再关闭阀 VA06、解吸泵 P03。

注：为避免由于液泛导致测压管线进水，更为严重的是防止取样管线进水，对在线取样泵和色谱造成损坏，因此，只要一看到塔内明显出现液泛（一般在最上填料表面先出现液泛，液泛开始时，上填料层开始积聚液体），即刻停止增大风量。当出现淹塔情况时，先关闭旋涡气泵，再关闭解吸泵。

2. 吸收实验

（1）进入吸收界面。

（2）阀门操作：阀 VA01 关闭，阀 VA02 全开，打开阀 VA03，阀 VA06、VA07、VA08 关闭。

（3）进气（空气）：启动风机，调节流量计 FI02，控制风量 $0.2m^3/h$。

（4）进气（O_2）：开启 O_2 钢瓶总阀，微开减压阀（出口压力控制在 0.1MPa 左右），之后调节流量计 FI03 大概为 $0.08m^3/h$。

注意：因为减压阀刚开始调节稳定后，过一段时间后压力可能下降，所以过 10min 再调节一次就可以稳定。

（5）进水：开启进水阀 VA11，保持解吸塔塔底罐溢流状态，打开吸收泵 P04，打开阀 VA07，调节 FI05 流量至 80L/h。取样检测进水处氧气的含量。稳定一段时间后从饱和罐取样口取样检测氧气的含量。

（6）流量调节：调节水流量（建议按 80L/h、110L/h、140L/h、170L/h 水量调节），待稳定一段时间后，取样检测。吸收实验结束。

3. 解吸实验

（1）界面切换至解吸实验。

（2）在吸收实验操作的基础上关闭 FI03，打开 FI04，调节流量为 $0.08m^3/h$，打开饱和泵 P02，当饱和罐有液体溢流时打开解吸泵 P03，开启阀 VA08，调节 FI06 流量至 100L/h，调节流量计 FI07 至风量 $0.2m^3/h$。待稳定一段时间后，取样检测。（此时的 FI05 和 FI06 应保持一致，关闭进水或者有少量进水。）

（3）流量调节：调节空气流量（建议按 $0.2m^3/h$、$0.4m^3/h$、$0.6m^3/h$、$0.8m^3/h$、$1m^3/h$ 风量调节），待稳定一段时间后，取样检测。解吸实验完毕。

4. 吸收与解吸联合操作实验

（1）实验界面切换至吸收与解吸联合操作，在解吸的实验基础上关闭 FI04，打开 FI03，调节流量为 $0.08m^3/h$，关闭饱和泵 P02。

（2）待稳定一段时间后，取样检测。

5. 停车

关闭进水阀 VA11，关闭 O_2 钢瓶总阀，待 O_2 流量计 FI03 无示数，关闭减压阀，关闭解吸泵 P03、吸收液泵 P04、旋涡气泵 P01。

五、实验数据记录与处理

1. 计算不同条件下的填料吸收塔的液相体积传质系数，将数据记录于表1。
2. 分析水吸收氧气属于什么控制。
3. 计算不同条件下填料解吸塔的气相体积传质系数，将数据记录于表2。
4. 吸收解吸联合操作数据记录于表3。

表 1　吸收数据记录表

O_2 流量＝_____ L/min

序号	水流量 V_s /(L/h)	水温 /℃	气量(标准状况) /(m³/h)	气相组成 y_1	气相组成 y_2	空气 G_a /(kmol/h)	Δx_m	L_s /[kmol/(m²·h)]	$K_x a$ /[kmol/(m³·h)]	备注
1	210		0.5							
2	300		0.5							
3	450		0.5							
4	650		0.5							

表 2　解吸数据记录表

O_2 流量＝_____ L/min

序号	水流量 V_s /(L/h)	水温 /℃	气量(标准状况) /(m³/h)	气相组成 y_1	气相组成 y_2	空气 G_a /(kmol/h)	Δx_m	L_s /[kmol/(m²·h)]	$K_x a$ /[kmol/(m³·h)]	备注
1	200		0.2							
2	200		0.4							
3	200		0.6							
4	200		0.8							
5	200		1.0							

表 3　吸收与解吸联合操作数据表

吸收塔数据：

序号	水流量 V_s /(L/h)	水温 /℃	气量(标准状况) /(m³/h)	气相组成 y_1	气相组成 y_2	空气 G_a /(kmol/h)	Δx_m	L_s /[kmol/(m²·h)]	$K_x a$ /[kmol/(m³·h)]	备注
1	210		0.5							

解吸塔数据：

序号	水流量 V_s /(L/h)	水温 /℃	气量(标准状况) /(m³/h)	气相组成 y_1	气相组成 y_2	空气 G_a /(kmol/h)	Δx_m	L_s /[kmol/(m²·h)]	$K_x a$ /[kmol/(m³·h)]	备注
1	210		0.5							

六、注意事项

1. 在启动风机前，应检查三相动力电是否正常，若缺相，极易烧坏电机；为保证安全，检查接地是否正常。

2. 因为泵是机械密封，必须在泵有水时使用，若泵内无水空转，易造成机械密封件升温损坏而导致密封不严，需专业厂家更换机械密封。因此，严禁泵内无水空转！！！

　　3. 长期不用时，应将设备内水放净。

　　4. 严禁不经过同意打开电柜，以免发生触电。

扫码获取
实例报告样例

七、思考题

　　1. 为什么高压、低温的条件对吸收过程的进行是有利的？

　　2. 要确保吸收-解吸的连续稳定操作，需要控制好哪些关键操作参数？

　　3. O_2 吸收解吸实验结果有什么实际应用价值？

实验 9　液-液萃取实验

　　人们早在几千年前就开始尝试利用自然物质进行萃取分离。在古代，中国的医学家就使用植物和动物萃取物制备药品。1842 年 E.-M. 佩利若研究了用乙醚从硝酸溶液中萃取硝酸铀酰。1903 年 L. 埃迪兰努用液态二氧化硫从煤油中萃取芳烃，这是萃取的第一次工业应用。20 世纪 40 年代后期，生产核燃料的需要促进了萃取的研究开发。萃取技术开始广泛应用于化工工业、制药工业和环境保护等领域。1972 年屠呦呦采用以萃取原理为基础的方法从青蒿中提取青蒿素。青蒿素药品可以有效降低疟疾患者的死亡率。2015 年 10 月，屠呦呦获得诺贝尔生理学或医学奖。屠呦呦成为第一位获诺贝尔科学奖项的中国本土科学家，诺贝尔科学奖项是中国医学界迄今为止获得的最高奖项，也是中医药成果获得的最高奖项。

一、实验目的

　　1. 熟悉转盘式萃取塔的结构、流程及各部件的结构作用；

　　2. 了解萃取塔的正确操作；

　　3. 测定转速对分离提纯效果的影响，并计算出传质单元高度。

二、实验原理

1. 液-液萃取基本原理

　　萃取常用于分离提纯液-液溶液或乳浊液，特别是植物浸提液的纯化。虽然蒸馏也是分离液-液体系，但和萃取的原理是完全不同的。萃取原理非常类似于吸收，技术原理均是根据溶质在两相中溶解度的不同进行分离操作的，都是相间传质过程，吸收剂、萃取剂都可以回收再利用。但又不同于吸收，吸收中两相密度差别大，只需逆流接触而无需外能；萃取两相密度小，界面张力差也不大，需通过搅拌、脉动、振动等外加能量。另外萃取分散的两相分层分离的能力也不高，萃取需足够大的分层空间。

　　萃取是重要的化工单元过程。萃取工艺成本低廉，应用前景良好。学术上主要研究萃取剂的合成与选取、萃取过程的强化等课题。为了获得高的萃取效率，无论对萃取设备的设计还是操作，工程技术人员必须对过程有全面深刻的了解和行之有效的方法。通过本实验可以实现这方面的训练。本实验是通过用水对白油中的苯甲酸萃取进行的验证性实验。

2. 萃取塔结构特征

需要适度的外加能量；需要足够大的分层空间。

3. 分散相的选择

① 体积流量大者作为分散相（本实验中油体积流量大）；

② 不易润湿的作为分散相（本实验中油为不易润湿）；

③ 界面张力理论，正系统 $d\sigma/dx > 0$ 作分散相；

④ 黏度大的、含放射性的、成本高的选为分散相；

⑤ 从安全考虑，易燃易爆的作为分散相。

4. 外加能量对萃取的影响

有利：①增加液液传质表面积；②增加液液界面的湍动提高界面传质系数。

不利：①返混增加，传质推动力下降；②液滴太小，内循环消失，传质系数下降；③外加能量过大，容易产生液泛，通量下降。

5. 液泛

定义：当两相流速高达某一极限值时，一相将被另一相夹带而倒流，设备的正常操作遭到破坏的现象。

因素：外加能量过大，液滴过多太小，造成液滴浮不上去；连续相流量过大或分散相过小也可能导致分散相上升速度为零；另外和系统的物性等也有关。

6. 传质单元法计算传质单元数

塔式萃取设备，其计算和气液传质设备一样，即要求确定塔径和塔高两个基本尺寸。塔径的尺寸取决于两液相的流量及适宜的操作速度，从而确定设备的产能；而塔高的尺寸则取决于分离浓度要求及分离的难易程度。本实验装置是属于塔式微分设备，其计算采用传质单元法，计算萃取段有效高度的方法与吸收操作中填料层高度的计算方法相似。

假设：

① B 和 S 完全不互溶，浓度 X 用质量比计算比较方便。

② 溶质组成较稀时，体积传质系数 K_xa 在整个萃取段为常数。

$$h = \frac{B}{K_xa\Omega}\int_{X_R}^{X_F}\frac{dX}{X - X^*} \quad h = H_{OR}N_{OR} \tag{1}$$

式中　　h——萃取段有效高度，m，本实验为 0.65m；

H_{OR}——传质单元高度，m；

B——料液或萃余相中稀释剂的流量，kg/s；

Ω——塔的截面积，m^2；

N_{OR}——传质单元数。

传质单元数 N_{OR}，在平衡线和操作线均可看作直线的情况下，其计算方法仍可采用平均推动力法进行计算，计算分解示意图如图 1 所示。

其计算式为

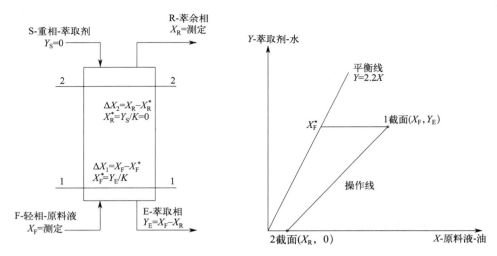

图 1 平衡线和操作线分解示意图

$$N_{OR} = \frac{\Delta X}{\Delta X_m} \quad \Delta X = X_F - X_R \quad \Delta X_m = \frac{\Delta X_1 - \Delta X_2}{\ln \dfrac{\Delta X_1}{\Delta X_2}} \quad \begin{array}{l} \Delta X_1 = X_F - X_F^* \\ \Delta X_2 = X_R - X_R^* \end{array} \tag{2}$$

上式中 X_F、X_R 可以实际测得，而平衡组成 X^* 可根据分配曲线计算：

$$X_R^* = \frac{Y_S}{K} = \frac{0}{K} = 0 \quad X_F^* = \frac{Y_E}{K} \tag{3}$$

Y_E 为出塔萃取相中的质量比组成，可以实验测得或根据物料衡算得到。

根据以上计算，即可获得其在该实验条件下的实际传质单元高度。然后，可以通过改变实验条件进行不同条件下的传质单元高度计算，以比较其影响。

为以上计算过程更清晰，需要说明以下几个问题。

（1）物料流计算

根据全塔物料衡算

$$F + S = R + E$$
$$FX_F + SY_S = RX_R + EY_E$$

本实验中，为了让原料液 F 和萃取剂 S 在整个塔内维持在两相区（三角形相图中的合点 M 维持在两相区），也为了计算和操作更加直观方便，取 $F = S$。又由于整个溶质含量非常低，因此得到 $F = S = R = E$。

$$X_F + Y_S = X_R + Y_E$$

本实验中 $Y_S = 0$

$$X_F = X_R + Y_E$$
$$Y_E = X_F - X_R$$

只要测得原料白油的 X_F 和萃余相油中 X_R 的组成，即可根据物料衡算计算出萃取相的组成 Y_E。

（2）转子流量计校正

本实验中用到的转子流量计是以水在 20℃、1atm（1atm＝101325Pa）下进行标定的，本实验的条件也是在接近常温和常压下（20℃、1atm 下）进行的，因此由于温度和压力对不可压缩流体密度的影响很微小而刻度校正可忽略。但如果用于测量白油，因其与水在同等条件下密度相差很大，则必须进行刻度校正，否则会给实验结果带来很大误差。

根据转子流量计校正公式：

$$\frac{q_1}{q_0}=\sqrt{\frac{\rho_0(\rho_f-\rho_1)}{\rho_1(\rho_f-\rho_0)}}=\sqrt{\frac{1000(7920-800)}{800(7920-1000)}}=1.134 \quad (4)$$

式中　q_1——实际体积流量，L/h；

　　　q_0——刻度读数流量，L/h；

　　　ρ_1——实际油密度，本实验取 800kg/m³；

　　　ρ_0——标定水密度，取 1000kg/m³；

　　　ρ_f——不锈钢金属转子密度，取 7920kg/m³。

本实验测定，以水流量为基准，转子流量计读数取 $q_S=10$L/h，则

$$S=q_S\rho_水=10/1000\times 1000=10\text{kg/h} \quad (5)$$

由于 $F=S$，有 $F=10$kg/h，则

$$q_F=F/\rho=10/800\times 1000=12.5\text{L/h}$$

根据推导计算出的转子流量计校正公式，实际油流量 $q_1=q_F=12.5$L/h，则刻度读数值应为

$$q_0=q_1/1.134=12.5/1.134=11\text{L/h}$$

即在本实验中，若使萃取剂水流量 $q_S=10$L/h，则必须保持原料油转子流量计读数 $q_0=11$L/h，才能保证 F 与 S 的质量流量一致。

（3）物质的量浓度 c 的测定

取原料油（或萃余相油）25mL，以酚酞为指示剂，用配制好的浓度约 0.1mol/L NaOH 标准溶液进行滴定，测出 NaOH 标准溶液用量 V_{NaOH}，则有：

$$c_F=\frac{V_{NaOH}/1000\times c_{NaOH}}{0.025} \quad (6)$$

同理可测出 c_R。

（4）物质的量浓度 c 与质量比浓度 X（Y）的换算

质量比浓度 X（Y）与质量浓度 x（y）的区别：

$$X=\frac{溶质质量}{溶剂质量} \qquad x=\frac{溶质质量}{溶质质量+溶剂质量}$$

本实验因为溶质含量很低，且以溶剂不损耗为计算基准更科学，因此采用质量比浓度 X 而不采用 x。

$$X_R=c_R M_A/\rho_{白油}=c_R 122/800$$
$$X_F=c_F M_A/\rho_{白油}=c_F 122/800$$
$$Y_E=X_F-X_R$$

（5）萃取率计算

$$\eta=\frac{X_F-X_R}{X_F}\times 100\% \quad (7)$$

三、实验装置与流程

1. 实验装置

实验流程与实验装置分别如图 2、图 3 所示。

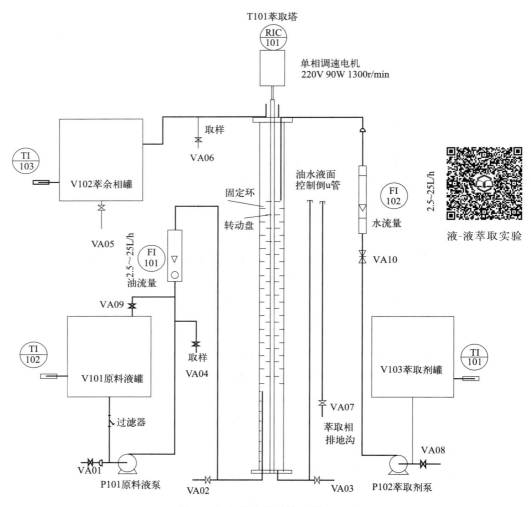

图 2 液-液萃取实验流程图

2. 流程说明

萃取剂和原料液分别加入萃取剂罐和原料液罐，经磁力泵输送至萃取塔中，电机驱动萃取塔内转动盘转动进行萃取实验，电机转速可调，油相从上法兰处溢流至萃余相罐，实验中，从取样阀 VA06 取萃余相样品进行分析，从取样阀 VA04 取原料液样品进行分析。萃取剂和原料液走向如下。

萃取剂：萃取剂罐—水泵—流量计—塔上部进—塔下部出—油水液面控制管—地沟。

原料液：原料液罐—油泵—流量计—塔下部进—塔上部出—萃余相罐—原料液罐。

3. 设备参数

塔内径 $D=84mm$，塔总高 $H=1300mm$，有效高度 650mm；塔内采用环形固定环 14 个和圆形转盘 12 个（顺序从上到下 1，2，…，12），盘间距 50mm。塔顶塔底分离空间均为 250mm。

循环泵：15W 磁力循环泵。

原料液罐、萃取剂罐、萃余相罐：$\phi 290mm \times 400mm$，约 25L，不锈钢槽 3 个。

调速电机：100W，0～1300r/min 无级调速。

流量计：量程 2.5～25L/h。

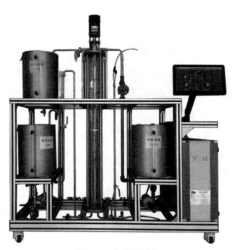

图 3　实际装置

四、实验步骤

1. 开车准备阶段

（1）灌塔 T101　在萃取剂罐 V103 中倒入蒸馏水，打开水泵 P102，打开进塔水流量计 FI102 向塔内灌水，塔内水上升到上面第一个固定盘与法兰约中间位置即可，关闭进水阀。

（2）配原料液　在原料液罐中先加白油至 3/4 处，再加苯甲酸配制约 0.01mol/L 的原料液（配比为每 1L 白油需要 1.22g 苯甲酸），此时可分析出大致原料浓度，后续可通过酸碱滴定分析原料液较准确的苯甲酸浓度。注意苯甲酸要提前溶解在白油中，搅拌溶解后再加入原料液罐，防止未溶解的苯甲酸堵塞原料液罐罐底过滤器。1% 酚酞乙醇溶液的配制：称取 1g 的酚酞，用无水乙醇溶解并稀释至 100ml。0.1mol/L 氢氧化钠溶液的配制：称取 1g 的氢氧化钠溶于 25mL 的无水乙醇中，后定容至 250mL。

（3）开启原料液泵 P101、调节阀 VA09，试图排出管内气体，使原料能顺利进入塔内，然后半开 VA09。

（4）开启转盘电机，建议转速在 200r/min 左右（具体转速可由用户根据实际情况确定）。

2. 实验阶段（保持流量一定，改变转速）

（1）保持一定转速，开启水阀 VA10，调节 VA10 至 FI102 为一定值（如 10L/h），再开启进料阀至 FI101 显示一定值（如 11L/h），维持其一定。（注：转子流量计使用过程中有流量指示逐渐减小情况，注意观察流量，及时手动调节至目标流量。）

（2）调节油水分界面调节阀 VA07，使阀门全开，观察塔顶油-水分界面，并维持分界面在第一个固定盘与法兰约中间位置，最后水流量也应该稳定在和进口水相同流量的状态。（油水分界面应在第一个固定盘上玻璃管段约中间位置，可微调 VA07，维持界面位置，界面的偏移对实验结果没有影响。）

（3）一定时间后（稳定时间约 10min），取原料液和萃余相（产品白油）25mL 样品进行分析。（本实验替代时间的计算：设分界面在第一个固定盘与法兰中间位置，则油的塔内存储体积是 $(0.084/2)^2 \times 3.14 \times 0.125=0.7L$，流量按 11L/h，替换时间为 $0.7/11 \times 60=3.8min$。根据稳定时间＝3×替代时间设计，因此稳定时间约为 10min。）

（4）改变转速 400r/min、600r/min（建议值）等，重复以上操作，并记录下相应的转速与出口组成分析数据。

3. 观察液泛

将转速调到约 1000r/min，外加能量过大。观察塔内现象。油与水乳化强烈，油滴微小，使油浮力下降，油水分层程度降低，整个塔绝大部分处于乳化状态。此为塔的不正常状态，应避免。

4. 停车

（1）实验完毕，关闭进料阀 FI101，关闭原料液泵 P101，关闭调速电机，关闭流量计阀门，关闭水泵。

（2）整理萃余相罐 V102、原料液罐 V101 中料液，以备下次实验用。

五、实验数据记录与处理

1. 实验数据的计算过程

按萃取相计算传质单元数 N_{OE} 的计算公式为

$$N_{OE} = \int_{Y_E}^{Y_S} \frac{dY}{Y - Y^*}$$

式中　Y_S——苯甲酸在进入塔顶的萃取相中的组成，kg 苯甲酸/kg 水，本实验 $Y_S = 0$；

　　　Y_E——苯甲酸在离开塔底萃取相中的组成，kg 苯甲酸/kg 水；

　　　Y——苯甲酸在塔内某一高度处萃取相中的组成，kg 苯甲酸/kg 水；

　　　Y^*——与苯甲酸在塔内某一高度处萃取相组成 X_R 平衡的萃取相中的组成，kg 苯甲酸/kg 水。

2. 记录有关实验数据，完成表 1 和表 2。

油相流速：_____　　水相流速：_____　　温度：_____　　取样体积：<u>25mL</u>　　c_{NaOH}：<u>0.100mol/L</u>

表 1　浓度测定计算表

序号	转速 /(r/min)	原料液 F				萃余相 R			
		初	终	用量	c_F	初	终	用量	c_R
1									
2									
3									

表 2　数据结果汇总表

序号	转速/(r/min)	Y_S	Y_E	Y^*	N_{OE}	H_{OE}
1						
2						
3						

对不同转速下计算出的结果进行比较分析。

六、注意事项

1. 在启动加料泵前，必须保证原料罐内有原料液，长期使磁力泵空转会使磁力泵温度升高而损坏磁力泵。第一次运行磁力泵，须排除磁力泵内空气。若不进料时应及时关闭进料泵。

2. 严禁学生打开电柜，以免发生触电。

3. 塔釜出料操作时，应紧密观察塔顶分界面，防止分界面过高或过低。严禁无人看守塔釜放料操作。

4. 在冬季室内温度达到冰点时，设备内严禁存水。

5. 长期不用时，一定要排净油泵内的白油，泵内密封材料因为是橡胶类，被有机溶剂类（白油）长期浸泡会发生慢性溶解和浸胀，导致密封不严而发生泄漏。

七、思考题

1. 在萃取过程中选择连续相、分散相的原则是什么？
2. 转盘式旋转萃取塔有什么特点？
3. 萃取过程对哪些体系最好？

实验 10 干燥速率曲线测定实验

我国的星象文化源远流长、博大精深，古人很早就开始探索宇宙的奥秘，并由此演绎出了一套完整深奥的观星文化。二十四节气是上古农耕文明的产物，它与天干地支以及八卦等是联系在一起的，有着久远的历史源头。二十四节气是我国劳动人民独创的文化遗产和智慧结晶，它能反映季节的变化，指导农事活动，影响着千家万户的衣食住行。不同地域不同节气具有不同温度和湿度，相对湿度不同，人体感觉也不同。相对湿度过高汗液难以蒸发，体内的热量无法畅快地散发，会感到闷热。相对湿度过低皮肤极度的干燥会造成皮肤的损伤、粗糙和不舒适性。干燥操作中常采用不饱和空气作为干燥介质，空气的相对湿度决定了干燥后物料的平衡含水量。在化工生产中，干燥通常指用热空气、烟道气以及红外线等加热湿固体物料，使其中所含的水分或溶剂汽化而除去。干燥的目的是使物料便于贮存、运输和使用，或满足进一步加工的需要。干燥是一个典型的融传热、传质于一体的单元操作，在化工、石油化工、医药、食品、纺织、建材以及农产品等行业中都有广泛的应用。例如谷物、蔬菜经干燥后可长期贮存；合成树脂干燥后用于加工，可防止塑料制品中出现气泡或云纹；纸张经干燥后便于使用和贮存。

一、实验目的

1. 了解常压干燥设备的构造、基本流程和操作；
2. 测定物料干燥速率曲线及传质系数；
3. 研究气流速度对干燥速率曲线的影响；
4. 研究气流温度对干燥速率曲线的影响。

二、实验原理

1. 干燥曲线

干燥曲线即物料的干基含水量 X 与干燥时间 θ 的关系曲线。它说明物料在干燥过程中，干基含水量随干燥时间的变化关系：

$$X = f(\theta)$$

实验过程中，在恒定的干燥条件下，测定物料总质量随时间的变化，直到物料的质量恒定为止。此时物料与空气间达到平衡状态，物料中所含水分即为该空气条件下的平衡水分。然后记录物料的绝干质量，则物料的瞬间干基含水量为

$$X = \frac{W - W_c}{W_c} \quad \text{kg 水/kg 绝干物料} \tag{1}$$

式中　W——物料的瞬间质量，kg；

$\quad\ W_c$——物料的绝干质量，kg。

将 X 对 θ 进行标绘，就得到图 1(a) 所示的干燥曲线。

干燥曲线的形状由物料性质和干燥条件决定。

2. 干燥速率曲线

干燥速率曲线是指在单位时间内单位干燥面积上汽化的水分质量。

$$u = \frac{\mathrm{d}W}{A\,\mathrm{d}\theta} = \frac{\Delta W}{A\,\mathrm{d}\theta} \quad \text{kg/(m}^2 \cdot \text{s)} \tag{2}$$

式中　A——干燥面积，m^2；

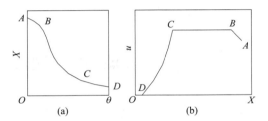

图 1　干燥曲线和干燥速率曲线

$\quad \Delta W$——从被干燥物料中除去的水分质量，kg。

本实验是通过相同时间间隔内 $\Delta\theta$ 所挥发一定量的水分 ΔW 来实现测定干燥速率的。将 u 对 X 进行标绘，就得到图 1(b) 所示干燥速率曲线。影响干燥速率的因素很多，它与物料性质和干燥介质（空气）的情况有关。在干燥条件不变的情况下，对于同类物料，当厚度和形状一定时，速率 u 是物料干基含水量的函数。

$$u = f(X)$$

3. 传质系数（恒速干燥阶段）

干燥时在恒速干燥阶段，物料表面与空气之间的传热速率和传质速率可分别以下面两式表示：

$$\mathrm{d}Q/A\,\mathrm{d}\theta = \alpha(t - t_w) \tag{3}$$

$$\mathrm{d}W/A\,\mathrm{d}\theta = K_H(H_w - H) \tag{4}$$

式中　Q——由空气传给物料的热量，kJ；

$\quad \alpha$——对流传热系数，kW/(m$^2 \cdot$ ℃)；

$\quad t, t_w$——空气的干、湿球温度，℃；

$\quad K_H$——以湿度差为推动力的传质系数，kg/(m$^2 \cdot$ s $\cdot \Delta$H)；

$\quad H_w, H$——与 t、t_w 相对应的空气的湿度，kg/kg。

当物料一定，干燥条件恒定时，α、K_H 的值也保持恒定。在恒速干燥阶段物料表面保持足够润湿，干燥速率由表面水分汽化速率所控制。若忽略以辐射及传导方式传递给物料的热量，则物料表面水分汽化所需要的热量全部由空气以对流的方式供给，此时物料表面温度即空气的湿球温度 t_w，水分汽化所需热量等于空气传入的热量，即

$$r_{\mathrm{w}} \mathrm{d}W = \mathrm{d}Q \tag{5}$$

式中 r_{w}——t_{w} 时水的汽化热，kJ/kg。

因此有

$$\frac{r_{\mathrm{w}} \mathrm{d}W}{A \mathrm{d}\theta} = \frac{\mathrm{d}Q}{A \mathrm{d}\theta} \tag{6}$$

即

$$r_{\mathrm{w}} K_{\mathrm{H}}(H_{\mathrm{w}} - H) = \alpha(t - t_{\mathrm{w}}) \tag{7}$$

$$K_{\mathrm{H}} = \frac{\alpha}{r_{\mathrm{w}}} \times \frac{t - t_{\mathrm{w}}}{H_{\mathrm{w}} - H} \tag{8}$$

对于水-空气干燥传质系统，当被测气流的温度不太高，流速＞5m/s 时，上式又可简化为

$$K_{\mathrm{H}} = \frac{\alpha}{1.09} \tag{9}$$

4. K_{H} 的计算

（1）查 H、H_{w}

由干湿球温度 t、t_{w}，根据湿焓图或计算出相应的 H、H_{w}。

（2）计算流量计处的空气性质

因为从流量计到干燥室虽然空气的温度、相对湿度发生变化，但其湿度未变。因此，可以利用干燥室处的 H 来计算流量计处的物性。已知测得孔板流量计前气温是 t_{L}。

流量计处湿空气的比体积：$V_{\mathrm{H}} = (2.83 \times 10^{-3} + 4.56 \times 10^{-3} H)(t + 273)$

流量计处湿空气的密度：$\rho = (1 + H)/V_{\mathrm{H}}$

（3）计算流量计处的质量流量 m

测得孔板流量计的压差计读数为 Δp。

流量计的孔流速度：$u_0 = C_0 \sqrt{\dfrac{2\Delta p}{\rho}}$，$C_0 = 0.74$

流量计处的质量流量：$m = u_0 A_0 \rho$，孔板孔面积 $A_0 = 0.001697 \mathrm{m}^2$

（4）干燥室的质量流速 G

虽然从流量计到干燥室空气的温度、相对湿度、压力、流速等均发生变化，但两个截面的湿度 H 和质量流量 m 却一样。因此，我们可以利用流量计处的 m 来计算干燥室处的质量流速 G。

干燥室的质量流速为：$G = m/A$

式中，A 为干燥室的横截面积。

（5）传热系数 α 的计算

干燥介质（空气）流过物料表面可以是平行的，也可以是垂直的，还可以是倾斜的。实践证明，只有空气平行物料表面流动时，其对流传热系数最大，干燥最快最经济。因此将干燥物料做成薄板状，其平行气流的干燥面最大，而在计算传热系数时，因为两个垂直面面积较小，传热系数也远远小于平行流动的传热系数，所以其两个横向面积的影响可忽略。

对水-空气系统，当空气流动方向与物料表面平行，其质量流速 $G = 0.68 \sim 8.14 \mathrm{kg}/(\mathrm{m}^2 \cdot \mathrm{s})$，$t = 45 \sim 150 ℃$。

$$\alpha = 0.0143G^{0.8} \tag{10}$$

（6）计算 K_H

由式（10）计算出 α，代入式（9）即可计算出传质系数 K_H。

三、实验装置与流程

1. 实验装置

实验流程和实验装置见图 2 和图 3。

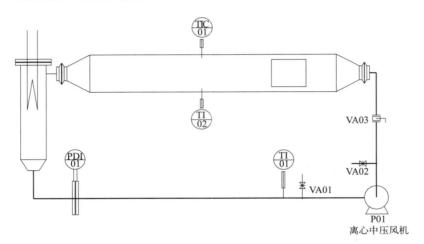

干燥速率曲线
测定实验

图 2　干燥速率曲线测定实验流程图

TIC01—干球温度；TI01—风机出口温度；TI02—湿球温度；PDI01—孔板压差；
VA02—风机进口闸阀；VA01—风机出口球阀；VA03—蝶阀

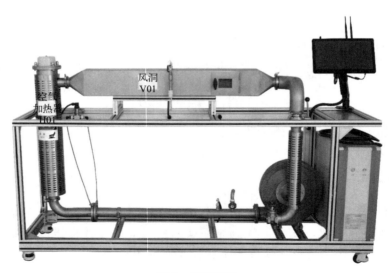

图 3　实际装置

2. 流程说明

本装置由离心式风机送风，先经过一圆管经孔板流量计测风量，经电加热室加热后，进入方形风道，流入干燥室，再经方变圆管流入蝶阀，可手动调节流量（本实验装置可由调节风机的频率来调节风量，实验时蝶阀处于全开状态），流入风机进口，形成循环风洞干燥。

为防止循环风的湿度增加，保证恒定的干燥条件，在风机进出口分别装有两个阀门，风机出口不断排放出废气，风机进口不断流入新鲜气，以保证循环风湿度不变。

为保证进入干燥室的风温恒定，保证恒定的干燥条件，电加热的二组电热丝采用自动控温，具体温度可人为设定。

本实验有三个计算温度，一是进干燥室的干球温度 TIC01（为设定的仪表读数），二是进干燥室的湿球温度 TI02，三是流入用于计算风量流量计处的温度 TI01，其位置如图 2 所示。本装置管道系统均由不锈钢板加工，电加热室和风道采用保温材料。

3. 设备仪表参数

中压风机：全风压 2kPa，风量 $16m^3/min$，功率 750W，电压 380V。

圆管内径：60mm。

风洞内方管尺寸：120mm×150mm（宽×高）。

孔板流量计：全不锈钢，环隙取压，孔径 46.48mm，孔面积比 $m=0.6$，孔板流量系数 $C_0=0.74$。

电加热：二组 2×2kW，自动控温。

压差传感器：测量范围 0～5000Pa。

热电阻传感器：Pt100。

称重传感器：测量范围 0～1000g。

四、实验步骤

1. 将待干燥试样浸水，使试样含有适量水分，约 70～100g（不能滴水），以备干燥实验用。

2. 检查风机进出口放空阀是否处于开启状态；往湿球温度计小杯中加水。

3. 检查电源连接，开启控制柜总电源。启动风机开关，并调节阀门 VA01，使仪表达到预定的风速值，一般风速调节到 600～800Pa。

4. 风速调好后，通过一体机触摸屏设定干球温度（一般在 80～95℃之间）。开启加热开关，温控器开始自动控制电热丝的电流进行自动控温，逐渐达到设定干球温度。

5. 放置物料前调节称重显示仪表，使称重示数归零。

6. 状态稳定后（干、湿球温度不再变化），将试样放入干燥室架子上，开始读取物料重量（最好从整克数据开始记录），手动输入记录时间间隔为 180s，点击开始记录实验数据，直至试样质量基本稳定，停止记录，然后点击数据处理，物料尺寸需要手动输入，长 130mm，宽 80mm，高 10mm，物料尺寸输入完毕后物料表面积自动计算。

7. 取出被干燥的试样，先关闭加热开关。当干球温度 TIC01 降到 50℃以下时，关闭风机的开关，退出系统，关闭计算机，关闭控制电源，关闭总电源。

注：
① 干球温度一般控制在 80~95℃ 之间。
② 放物料时，手要用水淋湿以免烫手；放好物料时检查物料是否与风向平行。

五、实验数据记录与处理

记录实验数据，根据数据作出干燥速率曲线。

干燥实验数据记录与处理表

绝干重量/g	湿物料长/mm	湿物料宽/mm	湿物料高/mm	干球温度 TIC01/℃
湿球温度 TI02/℃	孔板压差 PDI01/Pa	风机出口温度 TI01/℃	孔板孔截面积/m²	风洞截面积/m²
干燥时间 θ/s	时间间隔 $\Delta\theta$/s	湿物料质量/g	干基含水量 X/(kg 水/kg 绝干料)	干燥速率 u/[kg/(m²·s)]

六、注意事项

1. 在总电源接通前，应检查三相电是否正常，严禁缺相操作。

2. 不要将湿球温度计内的湿棉纱弄脱落，调试好湿球温度后，不要让学生乱动。

3. 所有仪表按键由教师提前设定或调节好，学生不要乱动。

4. 开加热电压前必须开启风机，并且必须调节变频器有一定风量，关闭风机前必须先关闭电加热，且在干球温度 TIC01 降低到 50℃ 以下时再停风机。本装置在设计时，加热开关在风机通电开关下游，只有开启风机开关才能开电加热，若关闭风机，则电加热也会关闭。虽然有这样的保护设计，但是在操作时要按照说明书进行。

七、思考题

1. 在 70~80℃ 的空气流中干燥，经过相当长的时间，能否得到绝对干料？

2. 测定干燥速度曲线的意义何在？

3. 有一些物料在热气流中干燥，要求热空气相对湿度要小；而有一些物料则要在相对湿度较大些的热气流中干燥，这是为什么？

4. 如何判断实验已经结束？

5. 干燥速率受哪些因素影响？

附　录：干燥装置电路图（图 4）

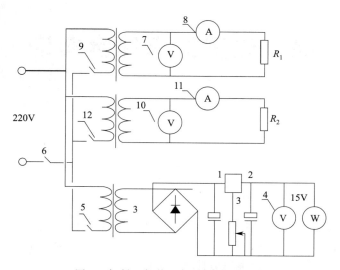

图 4　加料、加热、保温电路示意图

1—干燥器主体设备；2—加料器；3—加料直流电机（直流电机内电路示意图）；4—直流电机电压（可调）；
5—直流电流调速旋钮；6—风机开关；7、8—预热器的电压、电流表；9—用于加热（预热）器的调压器的旋钮；
10、11—干燥器保温电压、电流表；12—用于干燥器保温的调压器的旋钮；R_1—预热器（负载）；R_2—干燥器（负载）

4 化工仿真综合实训

化工仿真综合实训课程是一门注重实践与理论相结合的课程，通过模拟化工生产过程，培养学生的动手能力、分析问题与解决问题的能力。本章涉及的精馏塔单元与安全演练 3D 虚拟仿真实训和吸收解吸操作工艺 3D 虚拟仿真综合实训被列为江西省虚拟仿真实验教学项目。在实训过程中，不仅可以提高学生的专业技能，还可以强化思想道德教育，通过强调遵守纪律、诚实守信，培养学生良好的职业道德，能让学生体会到精细、专注、创新的精神。通过介绍我国化工产业的现状、发展历程以及取得的成就，激发学生的爱国情怀。在实训过程中，鼓励学生互相协作，共同解决问题，培养团队合作精神。因此，化工仿真综合实训课程有助于培养学生成为具有高度社会责任感和创新精神的化工专业人才，为我国化工行业的发展贡献力量。

实训 1 精馏塔单元与安全演练 3D 虚拟仿真实训

一、实训目的

1. 熟悉精馏单元工艺原理和工艺流程；
2. 熟悉精馏塔结构、主要部件布置等，掌握相关设计原则；
3. 了解精馏单元的主要控制方法和控制手段，并掌握其主要影响因素；
4. 学习常见设备故障及操作失误引起的安全事故及处置流程；
5. 虚拟仿真环境下开放式参数调节训练，使学生具备安全生产意识并能正确处理故障；
6. 通过虚拟仿真手段模拟精馏塔单元工艺流程与安全演练，进一步提高学生对化工生产技术的理解能力，巩固所学的理论知识，强化学生的安全意识和工程设计能力。

二、精馏塔单元与安全演练工艺原理及流程

1. 工艺原理

精馏是将液体混合物部分汽化，利用其中各组分挥发度的不同，通过液相和气相相同的质量传递来实现对混合物的分离。原料液进料热状态有五种：低于泡点进料；泡点进料；

汽、液混合进料；露点进料；过热蒸汽进料。

精馏段：原料液进料板以上的称精馏段，它的作用是上升蒸汽与回流液之间的传质、传热，逐步增浓气相中的易挥发组分。可以说，塔的上部完成了上升气流的精制。

提馏段：进料板以下的称提馏段，它的作用是在每块塔板下降液体与上升蒸汽的传质、传热，下降的液流中难挥发的组分不断增加，可以说，塔下部完成了下降液流中难挥发组分的提浓。

塔板的功能：提供汽、液直接接触的场所，汽、液在塔板上直接接触，实现了汽液间的传质和传热。

降液管及板间距的作用：降液管为液体下降的通道，板间距可分离汽、液混合物。

2. 工艺流程

本单元采用加压精馏，原料液为脱丙烷塔塔釜的混合液（C₃、C₄、C₅、C₆、C₇），分离后馏出液为高纯度的碳四产品，残液主要是碳五以上组分。67.8℃的原料液在FIC101的控制下由精馏塔塔中进料，塔顶蒸汽经换热器E101几乎全部冷凝为液体进入回流罐V101，回流罐的液体由泵P101A/B抽出，一部分作为回流，另一部分作为塔顶液相产出。塔底釜液一部分在FIC104的调节下作为塔釜产出流出，另一部分经过再沸器E102加热回到精馏塔，再沸器的加热量由TIC101调节蒸汽的进入量来控制。

精馏塔单元冷态开车DSC控制见图1，精馏塔单元冷态开车现场操作见图2，主要设备见表1，现场阀门见表2，现场仪表见表3和物料平衡数据见表4。

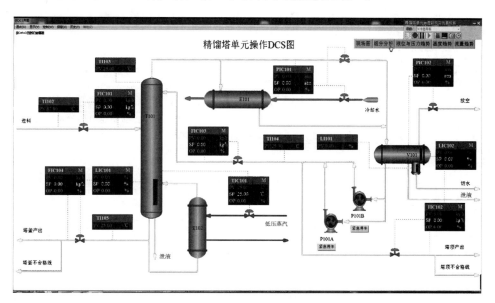

图1 精馏塔单元冷态开车DSC控制图

表1 设备列表

序号	位号	名称	序号	位号	名称
1	T101	精馏塔	4	E102	再沸器
2	V101	回流罐	5	P101A/B	回流泵
3	E101	塔顶冷凝器			

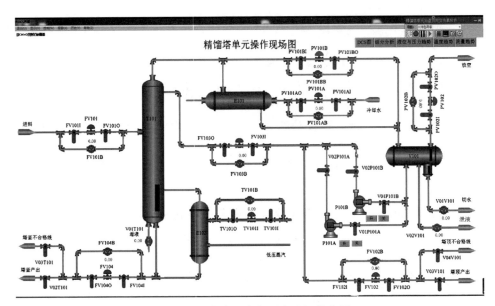

图 2　精馏塔单元冷态开车现场操作图

表 2　现场阀门

序号	位号	名称	序号	位号	名称
1	FV101I	进料调节阀 FV101 前阀	16	PV101AO	塔顶冷凝器压力调节阀 PV101A 后阀
2	FV101O	进料调节阀 FV101 后阀	17	PV101AB	塔顶冷凝器压力调节阀 PV101A 旁路阀
3	FV101B	进料调节阀 FV101 旁路阀	18	PV101BI	回流罐压力调节阀 PV101B 前阀
4	FV102I	塔顶产出调节阀 FV102 前阀	19	PV101BO	回流罐压力调节阀 PV101B 后阀
5	FV102O	塔顶产出调节阀 FV102 后阀	20	PV101BB	回流罐压力调节阀 PV101B 旁路阀
6	FV102B	塔顶产出调节阀 FV102 旁路阀	21	PV102I	回流罐压力调节阀 PV102 前阀
7	FV103I	回流量调节阀 FV103 前阀	22	PV102O	回流罐压力调节阀 PV102 后阀
8	FV103O	回流量调节阀 FV103 后阀	23	PV102B	回流罐压力调节阀 PV102 旁路阀
9	FV103B	回流量调节阀 FV103 旁路阀	24	V01P101A	回流泵 P101A 前阀
10	FV104I	塔釜产出调节阀 FV104 前阀	25	V02P101A	回流泵 P101A 后阀
11	FV104O	塔釜产出调节阀 FV104 后阀	26	V01P101B	回流泵 P101B 前阀
12	FV104B	塔釜产出调节阀 FV104 旁路阀	27	V02P101B	回流泵 P101B 后阀
13	TV101I	塔中温度调节阀 TV101 前阀	28	V01T101	塔釜排液阀
14	TV101O	塔中温度调节阀 TV101 后阀	29	V01V101	回流罐切水阀
15	PV101AI	塔顶冷凝器压力调节阀 PV101A 前阀	30	V02V101	回流罐泄液阀

表 3　仪表列表

序号	位号	名称	正常值	单位	正常工况
1	FIC101	进料流量控制	15000	kg/h	投自动
2	FIC102	塔顶产出流量控制	7178	kg/h	投串级
3	FIC103	回流量流量控制	14357	kg/h	投自动
4	FIC104	塔釜产出流量控制	7521	kg/h	投串级
5	TIC101	塔釜温度控制	109.3	℃	投自动
6	PIC101	塔顶冷凝器压力控制	4.25	atm	投自动
7	PIC102	回流罐压力控制	4.25	atm	投自动

序号	位号	名称	正常值	单位	正常工况
8	TI102	进料温度	67.8	℃	
9	TI103	塔顶温度	46.5	℃	
10	TI104	回流温度	39.1	℃	
11	TI105	塔釜温度	109.3	℃	

表 4　物料平衡数据

物流	位号	正常数据	单位
进料	流量（FIC101）	15000	kg/h
	温度（TI102）	67.8	℃
塔釜产品	流量（FIC104）	7521	kg/h
	温度（TI105）	109.3	℃
塔顶产品	温度	39.1	℃
	压力（PIC102）	4.25	atm
	液相流量（FIC102）	7178	kg/h
	气相流量	300	kg/h

三、仿真实验内容及操作步骤

（一）冷态开车

1. 进料及排放不凝气

（1）打开 PV101B 前截止阀 PV101BI。

（2）打开 PV101B 后截止阀 PV101BO。

（3）打开 PV102 前截止阀 PV102I。

（4）打开 PV102 后截止阀 PV102O。

（5）微开 PV102 排放塔内不凝气。

（6）打开 FV101 前截止阀 FV101I。

（7）打开 FV101 后截止阀 FV101O。

（8）向精馏塔进料：缓慢打开 FV101，维持进料量在 15000kg/h 左右。

（9）当压力升高至 0.5atm（表压）时，关闭 PV102。

（10）塔顶压力大于 1.0atm，不超过 4.25atm。

2. 启动再沸器

（1）打开 PV101A 前截止阀 PV101AI。

（2）打开 PV101A 后截止阀 PV101AO。

（3）待塔顶压力 PIC101 升至 0.5atm（表压）后，逐渐打开冷凝水调节阀 PV101A 至开度 50%。

（4）打开 TV101 前截止阀 TV101I。

（5）打开 TV101 后截止阀 TV101O。

（6）待塔釜液位 LIC101 升至 20% 以上，稍开 TC101 调节阀，给再沸器缓慢加热。

（7）逐渐开大 TV101，使塔釜温度逐渐上升至 100℃。

3. 建立回流

（1）当回流罐液位 LIC102 大于 20％以上，打开回流泵 P101A 入口阀 V01P101A/B。

（2）启动泵 P101A/B。

（3）打开泵出口阀 V02P101A/B。

（4）打开 FV103 前截止阀 FV103I。

（5）打开 FV103 后截止阀 FV103O。

（6）手动打开调节阀 FV103，维持回流罐液位升至 40％以上。

（7）回流罐液位 LIC102 维持在 50％左右。

4. 调整至正常

（1）待塔压升至 4atm 时，将 PIC102 设置为自动。

（2）设定 PIC102 为 4.25atm。

（3）待塔压稳定在 4.25atm 时，将 PIC101 设置为自动。

（4）设定 PIC101 为 4.25atm。

（5）待进料量稳定在 15000kg/h 后，将 FIC101 设置为自动。

（6）塔釜温度 TIC101 稳定在 109.3℃后，将 TIC101 设置为自动。

（7）进料量稳定在 15000kg/h。

（8）塔釜温度稳定在 109.3℃。

（9）打开调节阀 FV103，使 FIC103 流量接近 14357kg/h。

（10）当 FIC103 流量稳定在 14357kg/h 后，将其设置为自动。

（11）打开 FV104 前截止阀 FV104I。

（12）打开 FV104 后截止阀 FV104O。

（13）打开塔釜产出阀 V02T101。

（14）当塔釜液位无法维持时（大于 35％），逐渐打开 FV104，采出塔釜产品。

（15）塔釜液位 LIC101 维持在 50％左右。

（16）当塔釜产品采出量稳定在 7521kg/h，将 FIC104 设置为自动。

（17）设定 FIC104 为 7521kg/h。

（18）FIC104 改为串级控制。

（19）将 LIC101 设置为自动。

（20）设定 LIC101 为 50％。

（21）塔釜产品采出量稳定在 7521kg/h。

（22）打开 FV102 前截止阀 FV102I。

（23）打开 FV102 后截止阀 FV102O。

（24）打开塔顶产出阀 V03V101。

（25）当回流罐液位无法维持时，逐渐打开 FV102，采出塔顶产品。

（26）待产出稳定在 7178kg/h，将 FIC102 设置为自动。

（27）设定 FIC102 为 7178kg/h。

（28）将 LIC102 设置为自动。

（29）设定 LIC102 为 50％。

（30）将 FIC102 设置为串级。

（31）塔顶产品产出量稳定在 7178kg/h。

（二）停车操作规程

1. 降负荷

（1）手动逐步关小调节阀 FV101，使进料降至正常进料量的 70％。

（2）进料降至正常进料量的 70％。

（3）保持塔压 PIC101 的稳定性。

（4）断开 LIC102 和 FIC102 的串级，手动开大 FV102，使液位 LC102 降至 20％。

（5）液位 LIC102 降至 20％。

（6）断开 LIC101 和 FIC104 的串级，手动开大 FV104，使液位 LIC101 降至 30％。

（7）液位 LC101 降至 30％。

2. 停进料和再沸器

（1）停精馏塔进料，关闭调节阀 FV101。

（2）关闭 FV101 前截止阀 FV101I。

（3）关闭 FV101 后截止阀 FV101O。

（4）关闭调节阀 TV101。

（5）关闭 TV101 前截止阀 TV101I。

（6）关闭 TV101 后截止阀 TV101O。

（7）停止产品采出，手动关闭 FV104。

（8）关闭 FV104 前截止阀 FV104I。

（9）关闭 FV104 后截止阀 FV104O。

（10）关闭塔釜产出阀 V02T101。

（11）手动关闭 FV102。

（12）关闭 FV102 前截止阀 FV102I。

（13）关闭 FV102 后截止阀 FV102O。

（14）关闭塔顶产出阀 V03V101。

（15）打开塔釜泄液阀 V01T101，排出不合格产品。

3. 停回流

（1）手动开大 FV103，将回流罐内液体全部打入精馏塔，以降低塔内温度。

（2）当回流罐液位降至 0％，停回流，关闭调节阀 FV103。

（3）关闭 FV103 前截止阀 FV103I。

（4）关闭 FV103 后截止阀 FV103O。

（5）关闭泵出口阀 V02P101A。

（6）停泵 P101A。

（7）关闭泵入口阀 V01P101A。

4. 降压、降温

（1）塔内液体排完后，手动打开 PV102 进行降压。

（2）当塔压降至常压后，关闭 PV102。

（3）关闭 PV102 前截止阀 PV102I。

（4）关闭 PV102 后截止阀 PV102O。

（5）PIC101 投手动。

（6）关塔顶冷凝器冷凝水，手动关闭 PV101A。

（7）关闭 PV102A 前截止阀 PV102AI。

（8）关闭 PV102A 后截止阀 PV102AO。

（9）当塔釜液位降至 0％后，关闭泄液阀 V01T101。

四、事故处理

1. 停电

现象：回流泵 P101A 停止，回流中断。

处理：

（1）将 PIC102 设置为手动。

（2）打开回流罐放空阀 PV102。

（3）将 PIC101 设置为手动。

（4）PV101 开度调节至 50％。

（5）将 FIC101 设置为手动。

（6）关闭 FIC101，停止进料。

（7）关闭 FV101 前截止阀 FV101I。

（8）关闭 FV101 后截止阀 FV101O。

（9）将 TIC101 设置为手动。

（10）关闭 TIC101，停止加热蒸汽。

（11）关闭 TV101 前截止阀 TV101I。

（12）关闭 TV101 后截止阀 TV101O。

（13）关闭 FV103 前截止阀 FV103I。

（14）关闭 FV103 后截止阀 FV103O。

（15）将 FIC103 设置为手动。

（16）将 FIC104 设置为手动。

（17）关闭 FIC104，停止产品采出。

（18）关闭 FV104 前截止阀 FV104I。

（19）关闭 FV104 后截止阀 FV104O。

（20）关闭塔釜产出阀 V02T101。

（21）将 FIC102 设置为手动。

（22）关闭 FIC102，停止产品采出。

（23）关闭 FV102 前截止阀 FV102I。

（24）关闭 FV102 后截止阀 FV102O。

（25）关闭塔顶产出阀 V03V101。

（26）打开塔釜泄液阀 V01T101。

（27）打开回流罐泄液阀 V02V101 排不合格产品。

（28）当回流罐液位为 0 时，关闭 V02V101。

（29）关闭回流泵 P101A 出口阀 V02P101A。

（30）关闭回流泵 P101A 入口阀 V01P101A。

（31）当塔釜液位为 0 时，关闭 V01T101。

（32）当塔顶压力降至常压，关闭冷凝器。

（33）关闭 PV101A 前截止阀 PV101AI。

（34）关闭 PV101A 后截止阀 PV101AO。

2. 冷凝水中断

现象：塔顶温度上升，塔顶压力升高。

处理：

（1）将 PIC102 设置为手动。

（2）打开回流罐放空阀 PV102。

（3）将 FIC101 设置为手动。

（4）关闭 FIC101，停止进料。

（5）关闭 FV101 前截止阀 FV101I。

（6）关闭 FV101 后截止阀 FV101O。

（7）将 TIC101 设置为手动。

（8）关闭 TIC101，停止加热蒸汽。

（9）关闭 TV101 前截止阀 TV101I。

（10）关闭 TV101 后截止阀 TV101O。

（11）将 FIC104 设置为手动。

（12）关闭 FIC104，停止产品采出。

（13）关闭 FV104 前截止阀 FV104I。

（14）关闭 FV104 后截止阀 FV104O。

（15）将 FIC102 设置为手动。

（16）关闭 FIC102，停止产品采出。

（17）关闭 FV102 前截止阀 FV102I。

（18）关闭 FV102 后截止阀 FV102O。

（19）打开塔釜泄液阀 V01T101。

（20）打开回流罐泄液阀 V02V101 排不合格产品。

（21）当回流罐液位为 0 时，关闭 V02V101。

（22）关闭回流泵 P101A 出口阀 V02P101A。

（23）停泵 P101A。

（24）关闭回流泵 P101A 入口阀 V01P101A。

（25）当塔釜液位为 0 时，关闭 V01T101。

（26）当塔顶压力降至常压，关闭冷凝器。

（27）关闭 PV101A 前截止阀 PV101AI。

（28）关闭 PV101A 后截止阀 PV101AO。

3. 回流量调节阀 FV103 阀卡

现象：回流量减小，塔顶温度上升，压力增大。

处理：

（1）将 FIC103 设为手动模式。

（2）关闭 FV103 前截止阀 FV103I。

（3）关闭 FV103 后截止阀 FV103O。

（4）打开旁通阀 FV103B，保持回流。

（5）维持塔内各指标恒定。

4. 回流泵 P101A 故障

现象：P101A 断电，回流中断，塔顶压力、温度上升。

处理：

（1）开备用泵入口阀 V01P101B。

（2）启动备用泵 P101B。

（3）开备用泵出口阀 V02P101B。

（4）关泵出口阀 V02P101A。

（5）关泵入口阀 V02P101AI。

（6）维持塔内各指标恒定。

5. 停蒸汽

现象：加热蒸汽的流量减小至 0，塔釜温度持续下降。

处理：

（1）将 PIC102 设置为手动。

（2）将 FIC101 设置为手动。

（3）关闭 FIC101，停止进料。

（4）关闭 FV101 前截止阀 FV101I。

（5）关闭 FV101 后截止阀 FV101O。

（6）将 TIC101 设置为手动。

（7）关闭 TIC101，停止加热蒸汽。

（8）关闭 TV101 前截止阀 TV101I。

（9）关闭 TV101 后截止阀 TV101O。

（10）将 FIC104 设置为手动。

（11）关闭 FIC104，停止产品采出。

（12）关闭 FV104 前截止阀 FV104I。

（13）关闭 FV104 后截止阀 FV104O。

（14）关闭塔釜产出阀 V02T101。

（15）将 FIC102 设置为手动。

（16）关闭 FIC102，停止产品采出。

（17）关闭 FV102 前截止阀 FV102I。

（18）关闭 FV102 后截止阀 FV102O。

（19）打开塔釜泄液阀 V01T101。

（20）打开回流罐泄液阀 V02V101 排不合格产品。

（21）当回流罐液位为 0 时，关闭 V02V101。

（22）关闭回流泵 P101A 出口阀 V02P101A。

（23）停泵 P101A。

（24）关闭回流泵 P101A 入口阀 V01P101A。

（25）当塔釜液位为 0 时，关闭 V01T101。

（26）当塔顶压力降至常压，关闭冷凝器。

（27）关闭 PV101A 前截止阀 PV101AI。

（28）关闭 PV101A 后截止阀 PV101AO。

6. 热蒸汽压力过高

现象：加热蒸汽的流量增大，塔釜温度持续上升。

处理：TIC101 改为手动状态，适当减小 TIC101 的阀门开度。待温度稳定后，将 TIC101 改为自动调节，将 TC101 设定为 109.3℃。

7. 热蒸汽压力过低

现象：加热蒸汽的流量减小，塔釜温度持续下降。

处理：先将 TIC101 改为手动；适当增大 TIC101 的开度。待温度稳定后，将 TIC101 改为自动调节，将 TIC101 设定为 109.3℃。

8. 塔釜出料调节阀卡

现象：塔釜出料流量变小，回流罐液位升高。

处理：

（1）将 FIC104 设为手动模式。

（2）关闭 FV104 前截止阀 FV104I。

（3）关闭 FV104 后截止阀 FV104O。

（4）打开 FV104 旁通阀 FV104B，维持塔釜液位。

9. 仪表风停

现象：所有控制仪表不能正常工作。

处理：

（1）打开 PV102 的旁通阀 PV102B。

（2）打开 PV101A 的旁通阀 PV101AB。

（3）打开 FV101 的旁通阀 FV101B。

（4）打开 TV101 的旁通阀 TV101B。

（5）打开 FV104 的旁通阀 FV104B。

（6）打开 FV103 的旁通阀 FV103B。

（7）打开 FV102 的旁通阀 FV102B。

（8）关闭气闭阀 PV101A 的前截止阀 PV101AI。

（9）关闭气闭阀 PV101A 的后截止阀 PV101AO。

（10）关闭气闭阀 PV102 的前截止阀 PV102I。

（11）关闭气闭阀 PV102 的后截止阀 PV102O。

（12）调节旁通阀使 PIC102 为 4.25atm。

（13）调节旁通阀使回流罐液位 LIC102 为 50％。

（14）调节旁通阀使精馏塔液位 LIC101 为 50％

（15）调节旁通阀使精馏塔釜温度 TIC101 为 109.3℃。

（16）调节旁通阀使精馏塔进料 FIC101 为 15000kg/h。

（17）调节旁通阀使精馏塔回流流量 FIC103 为 14357kg/h。

10. 进料压力突然增大

现象：进料流量增大。

处理：

（1）将 FIC101 投手动。

（2）调节 FV101，使原料液进料达到正常值。

（3）原料液进料流量稳定在 15000kg/h 后，将 FIC101 投自动。

（4）将 FIC101 设定为 15000kg/h。

11. 回流罐液位超高

现象：回流罐液位超高。

处理：

（1）将 FIC102 设为手动模式。

（2）开大阀 FV102。

（3）打开泵 P101B 前阀 V01P101B。

（4）启动泵 P101B。

（5）打开泵 P101B 后阀 V02P101B。

（6）将 FIC103 设为手动模式。

（7）及时调整阀 FV103，使 FIC103 流量稳定在 14357kg/h 左右。

（8）当回流罐液位接近正常液位时，关闭泵 P101B 后阀 V02P101B。

（9）关闭泵 P101B。

（10）关闭泵 P101B 前阀 V01P101B。

（11）及时调整阀 FV102，使回流罐液位 LIC102 稳定在 50％。

（12）LIC102 稳定在 50％后，将 FIC102 设为串级。

（13）FIC103 最后稳定在 14357kg/h 后，将 FIC103 设为自动。

（14）将 FIC103 的设定值设为 14357kg/h。

12. 原料液进料调节阀卡

现象：进料流量逐渐减少。

处理：

（1）将 FIC101 设为手动模式。

（2）关闭 FV101 前截止阀 FV101I。

（3）关闭 FV101 后截止阀 FV101O。

（4）打开 FV101 旁通阀 FV101B，维持塔釜液位。

五、思考题

1. 引起塔顶温度上升，塔顶压力升高的原因可能是什么？
2. 引起加热蒸汽的流量增大，塔釜温度持续上升的原因可能是什么？
3. 本单元中回流泵 P101A 泵坏会造成什么影响？

精馏塔单元与安全演练 3D 虚拟仿真实验线上平台可以扫描二维码进行练习。

实训 2 吸收解吸操作工艺 3D 虚拟仿真综合实训

一、实训目的

1. 熟悉生产过程中吸收塔和解吸塔正常开车、运行和停车操作。
2. 了解化工生产控制系统的动态特性，培养对复杂化工工程动态运行分析和协调控制能力。
3. 了解事故正确处理方法，树立牢固的安全意识。

二、吸收解吸工艺原理及流程

1. 工艺原理

吸收解吸是典型的传质单元操作，广泛应用于石油化工生产，用来回收有用物质、净化气体和制备溶液等。气体吸收是利用混合气体中各组分在同一种液体（溶剂）中溶解度的差异而实现组分分离的过程。吸收时采用的溶剂为吸收剂 S，能溶解于溶剂中的组分为吸收质或溶质 A，含有溶质的气体称为富气，不溶解的组分为惰性组分或载体 B，不被溶解的气体称为贫气或惰性气体。

作为一种完整的分离方法，绝大部分吸收过程都包括吸收和解吸两个步骤。提高压力，降低温度有利于溶质吸收；降低压力，提高温度有利于溶质解吸。利用这一原理分离气体混合物，可以得到纯净的溶质。吸收剂可重复使用。

2. 工艺流程

该单元操作以 C_6 油为吸收剂，分离气体混合物中的 C_4 组分。

来自界区外的富气（其中组分为 C_4 占 30%，杂质气体占 70%）由控制器 FIC200 控制流量从底部进入吸收塔 T100。贫油由 C_6 油贮罐 V301 经泵 P100A/B 打入吸收塔 T100 顶部，贫油流量由 FIC101 控制（14218.8kg/h）。吸收剂 C_6 油在吸收塔 T100 中自上而下与富气逆相接触，富气中的 C_4 组分被溶解在 C_6 油中，塔釜液位与塔釜出料通过控制器 LIC100 和 FIC100 串级控制。不溶解的贫气由 T100 塔顶排出，经吸收塔塔顶冷凝器 E201 被 −4℃

的盐水冷却至 2℃，进入尾气分离罐 V302。来自吸收塔顶部的贫气在尾气分离罐 V302 中回收冷凝的 C_4、C_6 后，不凝气在 V302 压力控制器 PIC100 控制下排入放空总管进入大气。吸收塔釜排出的富液进入解吸塔 T101 解吸，回收 C_6 吸收剂循环利用。

预热后的富油进入解吸塔 T101 进行解吸分离。塔顶出 C_6 产品（C_4 组分占 31%），经冷凝器 E204 全部冷凝至 80℃，凝液送入集液罐 V303，经泵 P101A/B 一部分作回流至解吸塔顶部，流量由 FIC104 控制（8000kg/h）；另一部分作为 C_4 产品在液位控制（LIC102）下由泵 P101A/B 抽出。解吸塔塔釜的 C_6 油（C_6 占 95.24%）出料量由 LIC101 控制，经贫富油热交换器 E203、盐水冷却器 E202 冷却降温至 5℃返回 V301 循环使用。返回油温度由 TIC100 通过调节冷却盐水量来控制。解吸塔塔釜有再沸器 E205，利用蒸汽进行加热，T101 塔釜温度由 TIC101 和 FIC105 串级调节蒸汽流量（10000kg/h）来控制。塔顶压力（0.3MPa）由 PIC102 调节塔顶冷凝器冷却水流量来控制，另有一塔顶压力保护器 PIC101 在塔顶凝气压力高时通过调节 V303 放空量降压。

吸收系统 DCS 图见图 1，解吸系统 DCS 图见图 2。吸收系统现场图见图 3，解吸系统现场图见图 4。主要设备、仪表位号见表 1 和表 2。现场阀门见表 3 和表 4。

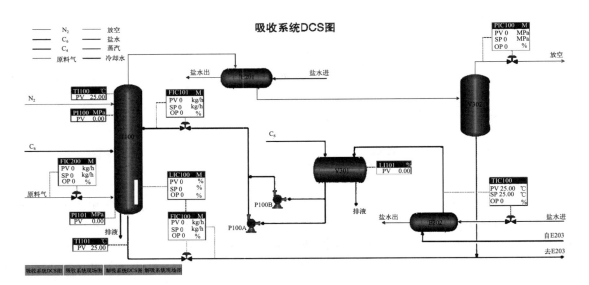

图 1　吸收系统 DCS 图

表 1　吸收系统主要设备、仪表位号

序号	位号	名称
1	T100	吸收塔
2	E201	吸收塔塔顶冷凝器
3	E202	循环油冷却器
4	V301	C_6 原料罐
5	V302	气液分离罐
6	P100A/B	吸收塔回流泵

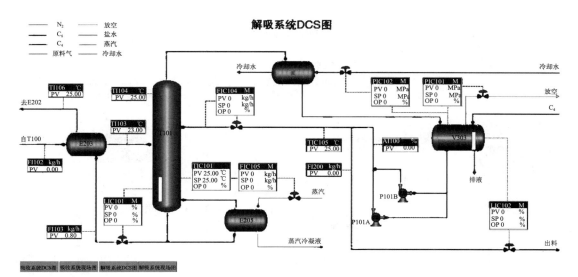

图 2　解吸系统 DCS 图

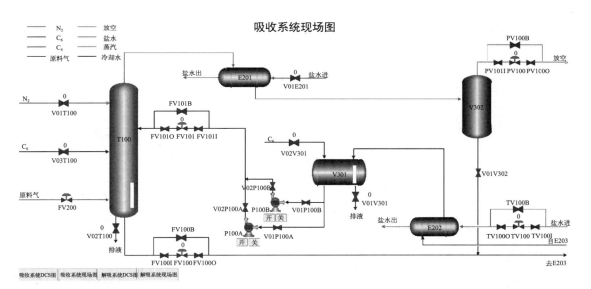

图 3　吸收系统现场图

表 2　解吸系统主要设备、仪表位号

序号	位号	名称
1	T101	解吸塔
2	E203	解吸塔原料预热器
3	E204	解吸塔塔顶冷凝器
4	E205	解吸塔再沸器
5	V303	解吸塔顶回流罐
6	P101A/B	解吸塔回流泵

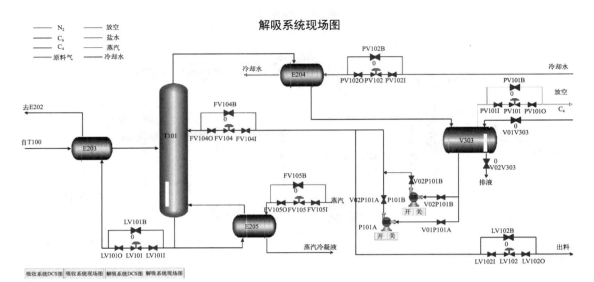

图 4 解吸系统现场图

表 3 吸收系统现场阀门

序号	位号	名称
1	FV101O	流量控制阀 FV101 后阀
2	FV101I	流量控制阀 FV101 前阀
3	FV101B	流量控制阀 FV101 旁路阀
4	FV100O	流量控制阀 FV100 后阀
5	FV100I	流量控制阀 FV100 前阀
6	FV100B	流量控制阀 FV100 旁路阀
7	V01P100A	泵 P100A 前阀
8	V02P100A	泵 P100A 后阀
9	V01P100B	泵 P100B 前阀
10	V02P100B	泵 P100B 后阀
11	TV100O	塔中温度控制阀 TV100 后阀
12	TV100B	塔中温度控制阀 TV100 旁路阀
13	TV100I	塔中温度控制阀 TV100 前阀
14	PV100O	压力控制阀 PV100 后阀
15	PV100B	压力控制阀 PV100 旁路阀
16	PV100I	压力控制阀 PV100 前阀

表 4 解收系统现场阀门

序号	位号	名称
1	LV101B	液位控制阀 LV101 旁路阀
2	LV101O	液位控制阀 LV101 后阀
3	LV101I	液位控制阀 LV101 前阀
4	FV104B	流量控制阀 FV104 旁路阀
5	FV104O	流量控制阀 FV104 后阀
6	FV104I	流量控制阀 FV104 前阀
7	PV102B	压力控制阀 PV102 旁路阀

续表

序号	位号	名称
8	PV102O	压力控制阀 PV102 后阀
9	PV102I	压力控制阀 PV102 前阀
10	FV105B	流量控制阀 FV105 旁路阀
11	FV105O	流量控制阀 FV105 后阀
12	FV105I	流量控制阀 FV105 前阀
13	PV101B	压力控制阀 PV101 旁路阀
14	PV101O	压力控制阀 PV101 后阀
15	PV101I	压力控制阀 PV101 前阀
16	LV102B	液位控制阀 LV102 旁路阀
17	LV102O	液位控制阀 LV102 后阀
18	LV102I	液位控制阀 LV102 前阀

三、仿真实验内容及操作步骤

（一）冷态开车

1. 开车前准备

（1）打开流量控制阀 FV101 前阀 FV101I。

（2）打开流量控制阀 FV101 前阀 FV101O。

（3）打开流量控制阀 FV100 前阀 FV100I。

（4）打开流量控制阀 FV100 前阀 FV101O。

（5）打开流量控制阀 PV100 前阀 PV100I。

（6）打开流量控制阀 PV100 后阀 PV100O。

（7）打开流量控制阀 TV100 前阀 TV100I。

（8）打开流量控制阀 TV100 后阀 TV100O。

（9）打开流量控制阀 LV101 前阀 LV101I。

（10）打开流量控制阀 LV101 后阀 LV101O。

（11）打开流量控制阀 FV104 前阀 FV104I。

（12）打开流量控制阀 FV104 后阀 FV104O。

（13）打开流量控制阀 PV102 前阀 PV102I。

（14）打开流量控制阀 PV102 后阀 PV102O。

（15）打开流量控制阀 FV105 前阀 FV105I。

（16）打开流量控制阀 FV105 后阀 FV105O。

（17）打开流量控制阀 PV101 前阀 PV101I。

（18）打开流量控制阀 PV101 后阀 PV101O。

（19）打开流量控制阀 LV102 前阀 LV102I。

（20）打开流量控制阀 LV102 后阀 LV102O。

（21）打开 V01T100，设置开度为 50%，吸收塔单元进行氮气充压。

（22）当压力控制表 PIC100 显示值接近 1.23MPa 时，关闭 V01T100。

（23）保持吸收塔 T100 塔顶压力 PIC100 为 1.23MPa 左右。

（24）PIC100 为 1.23MPa 左右时，投自动。

2. 吸收、解吸系统充液

（1）打开阀 V02V301，对罐 V301 进行充液。

（2）打开阀 V03T100，对吸收塔 T100 进行充液。

（3）待储罐 V301 补充 C_6 至液位为 70％时，关闭 V02V301；在操作过程中若 V301 液位 LI101 低于 50％，注意随时开阀 V02V301 补液。

（4）打开泵 P100A/B 前阀 V01P100A/B。

（5）当 V301 液位达到 30％后启动泵 P100A/B。

（6）打开泵 P100A/B 后阀 V02P100A/B。

（7）打开 FIC101（设置开度为 40％），对吸收塔 T100 塔顶段进行充液。

（8）当吸收塔 T100 塔釜液位达到 30％时，打开 FIC100（设置开度为 30％），对解吸塔 T101 进行充液。

（9）在吸收塔向解吸塔进料的同时，打开 V01V303 对气液分离罐 V303 进行充液。

（10）当气液分离罐 V303 的液位到达 50％左右时，关闭 V01V303。

（11）当吸收塔 T100 液位 LIC100 达到 50％以上，关闭充液阀 V03T100。

（12）打开泵 P101A/B 的前阀 V01P101A/B。

（13）当 V303 液位达到 30％时启动泵 P101A/B。

（14）打开泵 P101A/B 的后阀 V02P101A/B。

（15）打开 FIC104（设置开度为 40％），对解吸塔 T101 充液。

（16）解吸塔液位达到 20％时，稍开 FIC105（设置开度为 20％），对解吸塔塔釜进行加热，加热到 140℃左右。

（17）注意观察压力控制表 PIC102 的显示值，将压力控制在 0.3MPa。

（18）待 PIC102 压力稳定在 0.3MPa，投自动。

（19）当系统稳定后，控制表 PIC101 投自动，设定值 0.32MPa。

（20）待 PIC101 压力稳定在 0.32MPa，投自动。

3. 解吸到吸收回流换热、建立循环

（1）缓慢打开 E202 冷却盐水阀 TIC100。

（2）打开阀 V01E201 至 50％开度。

（3）当解吸塔液位达到 45％时，打开 LIC101（设置开度为 30％）；当 T101 液位接近 50％后，调大 LIC101 开度至 60％左右。

（4）调节 TIC100 开度，将换热器 E202 热物流出口温度 TIC100 控制在 5℃左右。

（5）当 T100 液位达到 50％左右后，调节 FIC101 开度，将吸收塔 T100 回流量控制在 14220kg/h。

（6）FIC101 投自动。

（7）当 T101 液位达到 50％左右后，调节 FIC104 开度，将解吸塔 T101 回流量控制在 8000kg/h。

（8）FIC104 投自动。

4. 进富气

（1）打开 FIC200，开大 FIC200 的 OP 值至 50％左右。

（2）将富气进料量控制在 3000kg/h。

（3）FIC200 投自动。

（4）调节 FIC100 开度使流量达到正常值 15040kg/h 左右，将吸收塔 T100 液位 LIC100 控制在 50％左右。

（5）待吸收塔液位 LIC100 稳定在 50％左右，且塔釜出液量为 15040kg/h 左右时，将 FIC100 投串级。

（6）LIC100 投自动。

（7）调节 LIC101 开度（正常开度为 60％左右），将解吸塔 T101 液位 LIC101 控制在 50％左右。

（8）调节 FIC105 开度，将解吸塔塔釜温度 TIC101 控制在 160℃左右。

（9）解吸塔塔釜温度 TIC101 控制在 160℃左右，且加热蒸汽流量 FIC105 在 10000kg/h 左右时，将 FIC105 投串级。

（10）TIC101 投自动。

（11）TIC100 读数稳定在 5℃后，将 TIC100 投自动。

（12）调节 LIC102 开度使 V303 液位稳定在 50％左右。

（13）将 LIC102 投自动。

扣分项：①操作过程中 V301 液位过高，大于 80％扣分。②操作过程中 V301 液位过低未及时补液，液位 LIC200 小于 10％。③若换热器 E202 先进热物流，扣分。

（二）正常操作

（1）将富气进料量控制在 3000kg/h。

（2）注意观察压力表 PIC102 显示值，将压力控制在 0.3MPa。

（3）保持吸收塔 T100 塔顶压力 PIC100 为 1.23MPa 左右。

（4）当 T100 液位达到 50％左右后，调节 FIC101 开度，将吸收塔 T100 回流量控制在 14220kg/h。

（5）调节 FIC100 开度使流量达到正常值 15040kg/h 左右，将吸收塔 T100 液位 LIC100 控制在 50％左右。

（6）调节 LIC101（正常开度为 60％左右），将解吸塔 T101 液位 LIC101 控制在 50％左右。

（7）当 T101 液位达到 50％左右后，调大 FIC105 开度，将解吸塔塔釜温度 TIC101 控制在 160℃左右。

（8）调节 LIC102 开度使 V303 液位稳定在 50％左右。

（9）调节 TIC100 开度，将换热器 E202 热物流出口温度 TIC100 控制在 5℃左右。

（三）正常停车

1. 停富气进料和 C_4 产品出料

（1）将 FIC200 置于手动状态，调节其开度 OP 值为 0，关闭 T100 的富气进料阀 FV200，停富气进料。

（2）停 C_4 产品出料，将调节阀 LIC102 置于手动，逐步调小 LIC102 至关闭。

（3）关闭阀 LV102I、阀 LV102O。

（4）富气进料中断后，T100 塔压会降低，手动控制调节 PIC100，维持 T100 压力大于 1.0MPa。

2. 停吸收塔系统

（1）停泵 P100A/B 出口阀 V02P100A/B。

（2）停泵 P100A/B。

（3）停泵 P100A/B 入口阀 V01P100A/B。

（4）将 FIC101 改为手动控制，调节 OP 为 0，关闭阀 FV101，停止对 T100 进油，在此过程中应注意保持 T100 的压力。

（5）关闭控制阀 FV101 前后阀 FV101I、FV101O。

（6）打开 V02T100 对 T100 快速泄油。

（7）将 FIC100 改投手动，保持调节 FIC100 的开度在 50％左右，向解吸塔 T101 泄油。

（8）将液位控制 LIC100 改投手动。

（9）当 LIC100 液位降至 5％以下时，调节 FIC100 开度为 0，关控制阀 FV100。

（10）关闭控制阀 FV100 前后阀 FV100I、FV100O。

（11）T100 泄油完毕，关闭 V02T100。

（12）关闭 V01E201 阀，中断冷却盐水，停 E201。

（13）手动全开 PIC100，吸收塔系统泄压至常压。

（14）关闭 PV100，关闭 PV100 前后阀 PV100I、PV100O。

3. 吸收油贮罐 V301 排油

（1）当停吸收塔进油后，V301 液位上升，此时打开 V301 排油阀 V01V301。

（2）当解吸塔 T101 液位降为 0％，V301 液位降至 0％后，关闭 V01V301。

4. 停解吸塔系统

（1）FIC105 改投手动，关闭 FIC105，停再沸器 E205。

（2）关闭流量控制阀 FV105 前后阀 FV105I、FV105O。

（3）将温度控制 TIC101 改投手动。

（4）打开 V02V303 对 V303 泄油。

（5）V303 液位降为 0 以后关闭阀 V02V303。

（6）当回流罐 V303 的液位 LIC102 降为 5％后，关闭泵 P101A/B 出口阀 V02P101A/B。

（7）停泵 P101A/B。

（8）停泵 P101A/B 入口阀 V01P101A/B。

（9）FIC104 投手动，手动关闭流量控制器 FIC104，停解吸塔回流。

（10）关闭控制阀 FV104 前后阀 FV104I、FV104O。

（11）LIC101 改为手动。

（12）手动调 LIC101 开度为 100％，当解吸塔液位 LIC101 指示降至 0.1％时，调节 LIC101 开度为 0，关闭 LV101。

（13）关闭液位控制阀 LV101 前阀 LV101I。

（14）关闭液位控制阀 LV101 后阀 LV101O。

（15）将 TIC100 开度调为 0，关闭 TV100，停止冷却水进料，停 E202。

（16）关闭 TV100 前后阀 TV100I、TV100O。

（17）控制器 PIC101 改为手动，至开度为 50%，对解吸系统泄压；当压力泄至常压时，关闭 PIC101。

（18）关闭 PV101 前后阀 PV101I、PV101O。

（19）PIC102 改为手动，并关闭。

（20）关闭压力控制阀 PV102 前后阀 PV102I、PV102O。

扣分项：①若 C_6 进料阀 V02V301 处于打开状态，则关闭 V02V301，停止 C_6 新鲜进料，否则扣分。②若不正常顺序操作，致使泵 P100A/B 空转，扣分。③阀 V01V301 调节不及时，致使罐 V301 满罐，扣分。④未及时关闭 FV105，致使 T101 温度超高，扣分。⑤若停泵不及时，致使泵 P101A/B 空转，扣分。

四、事故处理

1. 冷却水中断

现象：解吸塔塔顶温度和压力持续升高；解吸塔塔顶冷却水入口阀 PV102 开度持续增大；吸收塔塔顶、塔釜温度升高。

处理：

（1）手动关闭富气进料控制器 FIC200，停止向吸收塔进料。

（2）手动关闭流量控制器 FIC105，停用再沸器 E205。

（3）手动关闭流量控制器 FIC100，停止向解吸塔进料。

（4）手动关闭液位控制器 LIC102，停止 C_4 产品采出。

（5）停泵 P100A/B 出口阀 V02P100A/B。

（6）停泵 P100A/B。

（7）停泵 P100A/B 入口阀 V01P100A/B。

（8）关闭 P101A/B 出口阀 V02P101A/B。

（9）停泵 P101A/B。

（10）停泵 P101A/B 入口阀 V01P101A/B。

（11）手动关闭流量控制阀 FIC101，停止吸收塔 T100 贫油进料。

（12）手动关闭流量控制阀 FIC104，停止解吸塔 T101 的回流。

（13）手动关闭 PIC100，对吸收塔 T100 进行保压。

（14）手动关闭压力控制器 PIC101。

（15）手动关闭液位控制器 LIC101，保持解吸塔的液位；事故解除后，再按冷态开车操作。

2. 加热蒸汽中断

现象：再沸器加热蒸汽管路各阀开度正常，加热蒸汽入口流量降低为 0；塔釜温度急剧下降。

处理：

（1）手动关闭流量控制器 FIC105，停用再沸器 E205。

（2）手动关闭富气进料控制器 FIC200，停止向吸收塔进料。

（3）手动关闭流量控制器 FIC104，停止解吸塔 T101 的回流。

（4）关闭泵 P101A/B 出口阀 V02P101A/B。

（5）停用泵 P101A/B。

（6）关闭泵 P101A/B 入口阀 V01P101A/B。

（7）手动关闭液位控制器 LIC102，停止 C_4 产品采出。

（8）手动关闭流量控制器 FIC100，停止向解吸塔进料。

（9）手动关闭流量控制器 FIC101，停止吸收塔 T100 贫油进料。

（10）停泵 P100A/B 出口阀 V02P100A/B。

（11）停泵 P100A/B。

（12）停泵 P100A/B 入口阀 V01P100A/B。

（13）手动关闭 PIC100，对吸收塔 T100 进行保压。

（14）手动关闭液位控制器 LIC101，保持解吸塔的液位。

（15）关闭 V01E201。

（16）手动关闭控制器 TIC100。

3. 停电

现象：泵 P100A 停，泵 P101A 停。

处理：

（1）打开泄液阀 V01V301，调节其开度，保持吸收油储罐 V301 液位在 50％左右。

（2）打开泄液阀 V02V303，调节其开度，保持回流罐 V303 的液位在 50％左右。

（3）手动关闭流量控制器 FIC105，停用再沸器 E205。

（4）手动关闭富气进料控制器 FIC200，停止向吸收塔进料。

（5）手动关闭流量控制器 FIC101，停止吸收塔 T100 贫油进料。

（6）手动关闭流量控制器 FIC104，停止解吸塔 T101 的回流。

扣分项：①操作不当，致使罐 V301 液位高于 80％，扣分。②操作不当，致使罐 V301 液位低于 20％，扣分。③操作不当，致使罐 V303 液位高于 80％，扣分。④操作不当，致使罐 V303 液位低于 20％，扣分。⑤蒸汽流量控制阀 FV105 关小不及时，致使温度过高，大于 165℃，扣分。

4. P100A 泵坏

现象：FIC101 流量降为 0，吸收塔塔顶压力和温度上升，塔釜液位缓慢下降。

处理：

（1）打开泵 P100B 前阀 V01P100B。

（2）启动泵 P100B。

（3）开启泵 P100B 后阀 V02P100B。

（4）关闭泵 P100A 后阀 V02P100A。

（5）关闭泵 P100A 前阀 V01P100A。

（6）当 T100 液位达到 50％左右后，调节 FIC101 开度，将吸收塔 T100 回流量控制在 14220kg/h。

5. E205 结垢严重

现象：控制器 FIC105 开度增大；加热蒸汽入口流量增大；解吸塔塔釜温度下降，塔顶温度下降；塔釜 C_4 组成上升。

处理：

（1）手动关闭流量控制器 FIC105，停用再沸器 E205。

（2）手动关闭富气进料控制器 FIC200，停止向吸收塔进料。

（3）手动关闭流量控制器 FIC104，停止解吸塔 T101 的回流。

（4）关闭泵 P101A/B 出口阀 V02P101A/B。

（5）停泵 P101A/B。

（6）停泵 P101A/B 入口阀 V01P101A/B。

（7）手动关闭液位控制器 LIC102，停止 C_4 产品采出。

（8）手动关闭流量控制器 FIC100，停止解吸塔进料。

（9）手动关闭流量控制器 FIC101，停止吸收塔 T100 贫油进料。

（10）停泵 P100A/B 出口阀 V02P100A/B。

（11）停泵 P100A/B。

（12）停泵 P100A/B 入口阀 V01P100A/B。

（13）手动关闭 PIC100，对吸收塔 T100 进行保压。

（14）手动关闭液位控制器 LIC101，保持解吸塔的液位。

（15）关闭 V01E201。

（16）手动关闭控制器 TIC100。

（17）手动关闭压力控制器 PIC101。

6. LV101 调节阀卡

现象：FI103 降至 0；塔釜液位上升，并可能报警。

处理：

（1）开 LV101 旁路阀 LV101B 至 60% 左右。

（2）手动关闭 LV101。

（3）关闭 LV101 前阀 LV101I。

（4）关闭 LV101 后阀 LV101O。

（5）调整旁路阀 LV101B 的开度，使解吸塔液位 LIC101 保持在 50%。

7. P101A 泵坏

现象：FIC104 流量降为 0；解吸塔塔顶压力和温度上升，塔釜液位缓慢下降；再沸器加热蒸汽流量降低。

处理：

（1）打开泵 P101B 前阀 V01P101B。

（2）启动泵 P101B。

（3）开启泵 P101B 后阀 V02P101B。

（4）关闭泵 P101A 后阀 V02P101A。

（5）关闭泵 P101A 前阀 V01P101A。

（6）调节 FIC104 开度，将吸收塔 T100 回流量控制在 8000kg/h。

8. 蒸汽压力过低

现象：控制器 FIC105 开度增大，加热蒸汽流量降低，即使同时全开旁路也不能控制温度；解吸塔塔釜温度下降，塔顶温度下降，塔釜 C_4 组成上升。

处理：参照正常停车操作步骤。

五、思考题

1. 引起吸收塔尾气超标的原因可能是什么？
2. 本单元中解吸塔塔釜温度偏低会造成什么影响？

吸收解吸操作工艺 3D 虚拟仿真综合实训线上平台可扫描二维码进行练习

5 相关测量仪器仪表

5.1 压力测量仪表

压力是工业生产中的重要参数，在生产过程中，对液体、蒸气和气体压力的检测是保证工艺要求、设备和人身安全并使设备经济运行的必要条件。例如氢气和氮气合成氨气的压力为 32MPa，精馏过程中精馏塔内的压力必须稳定，才能保证精馏效果；而石油加工中的减压蒸馏，则要在比大气压力低约 93kPa 的真空度下进行。如果压力不符合要求，不仅会影响生产效率、降低产品质量，有时还会造成严重的生产事故。

5.1.1 测压仪表

压力测量仪表简称压力计或压力表。它根据工艺生产过程的不同要求，可以有指示、记录和带远传变送、报警、调节装置等。

测量压力或真空度的仪表很多，按其转换原理的不同，大致可以分三大类。

（1）液柱式压力计

液柱式压力计是依据流体静力学的原理，把被测压力转换成液柱高度的压力计。它被广泛应用于表压和真空度的测量中，也可以测定两点的压力差。按其结构形式不同，有 U 形管压差计、单管压力计和斜管压力计等。这类压力计结构简单，使用方便，但其精度受工作液的毛细管作用、密度及视差等因素的影响，测量范围窄。

（2）弹性式压力计

弹性式压力计是利用弹性元件受压后所产生的弹性变形的原理进行测量的。由于测量范围不同，所以弹性元件也不一样。例如弹簧管压力计、波纹管压力计、薄膜式压力计等。

（3）电气式压力计

电气式压力计是将被测的压力通过机械和电气元件转换成电量（如电压、电流、频率等）来进行测量的仪表，例如电容式、电感式、应变式和霍尔式等压力计。

5.1.2 工业主要测压仪表

5.1.2.1 弹性式压力计

弹性式压力计是利用各种形式的弹性元件，在被测介质压力的作用下，使弹性元件受压后产生弹性变形，通过测量该变形即可测得压力的大小。这种仪表结构简单，牢固可靠，价格低廉，测量范围宽（$10^{-2}\sim10^3$ MPa），精度可达 0.1 级，若与适当的传感元件相配合，可将弹性变形所引起的位移量转换成电信号，便可实现压力的远传、记录、控制、报警等功能。因此在工业上是应用最为广泛的一种测压仪表。

（1）弹性元件

弹性元件不仅是弹性式压力计感测元件，也经常用来作为气动仪表的基本组成元件，应用较广。当测压范围不同时，所用的弹性元件也不同。常用的几种弹性元件的结构如图 5.1 所示。

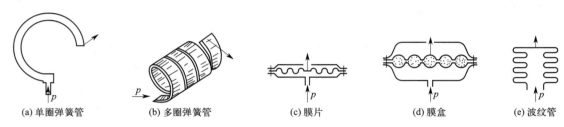

(a) 单圈弹簧管   (b) 多圈弹簧管   (c) 膜片   (d) 膜盒   (e) 波纹管

图 5.1 常用的几种弹性元件的结构

① 弹簧管式弹性元件 单圈弹簧管是弯成圆弧形的金属管，它的截面积做成扁圆形或椭圆形，当通入压力后，它的自由端会产生位移，如图 5.1(a) 所示。这种单圈弹簧管自由端位移量较小，测量压力较高，可测量高达 1000 MPa 的压力。为了增加自由端的位移，可以制成多圈弹簧管，如图 5.1(b) 所示。

② 薄膜式弹性元件 薄膜式弹性元件根据其结构不同还可以分为膜片与膜盒等。它的测压范围较弹簧管式的要低。它是由金属或非金属材料做成的具有弹性的一张膜片（平膜片或波纹膜片），在压力作用下能产生变形，如图 5.1(c) 所示。有时也可以由两张金属膜片沿周口对焊起来，成一薄壁盒，内充液体（例如硅油），称为膜盒，如图 5.1(d) 所示。

③ 波纹管式弹性元件 波纹管式弹性元件是一个周围为波纹状的薄壁金属筒体，如图 5.1 (e) 所示。这种弹性元件易于变形，而且位移很大，常用于微压与低压的测量或气动仪表的基本元件。

（2）弹簧管压力表

① 弹簧管的测压原理 弹簧管式压力表是工业生产上应用广泛的一种测压仪表，单圈弹簧管的应用最多。单圈弹簧管是弯成圆弧形的空心管，如图 5.2 所示。它的截面呈扁圆或椭圆形，椭圆形的长轴 a 与图面垂直、与弹簧管中心轴 O 平行。A 为弹簧管的固定端，即被测压力的输入端；B 为弹簧管的自由端，即位移输出端；γ 为弹簧管中心角初始角；$\Delta\gamma$ 为中心角的变化量；R 和 r 分别为弹簧管弯曲圆弧的外半径和内半径；a 和 b 为弹簧管椭圆截面的长半轴和短半轴。

　　作为压力-位移转换元件的弹簧管，当它的固定端通入被测压力后，由于椭圆形截面在压力 p 的作用下将趋向圆形，弯成圆弧形的弹簧管随之向外挺直扩张变形，由于变形其弹簧管的自由端由 B 移到 B'，如图 5.2 虚线所示，输入压力 p 越大产生的变形也越大。由于输入压力与弹簧管自由端的位移成正比，所以只要测得 B 点的位移量，就能反应压力 p 的大小，这就是弹簧管压力表的基本测量原理。

　　② 弹簧管压力表的结构　弹簧管压力表的结构原理如图 5.3 所示。被测压力由接头 9 通入后，弹簧管由椭圆形截面胀大趋于圆形，由于变形，弹簧管的自由端 B 产生位移，自由端的位移量一般很小，直接显示有困难，所以必须通过放大机构才能指示出来。放大过程为：自由端 B 的弹性变形位移通过拉杆 2 使扇形齿轮 3 作逆时针转动，于是指针通过同轴的中心齿轮 4 带动而顺时针偏转，从而在面板的刻度标尺上显示出被测压力 p 的数值。由于自由端的位移与被测压力间有正比关系，因此弹簧管压力表的刻度标尺是线性的。

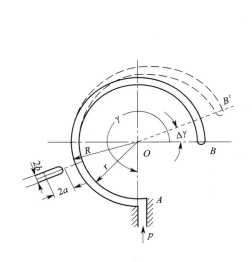

图 5.2　弹簧管的测压原理

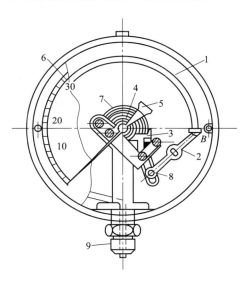

图 5.3　弹簧管压力表
1—弹簧管；2—拉杆；3—扇形齿轮；4—中心齿轮；
5—指针；6—面板；7—游丝；8—调整螺钉；9—接头

　　游丝 7 用来克服因扇形齿轮和中心齿轮的间隙所产生的仪表偏差。改变调整螺钉 8 的位置（即改变机械转动的放大系数），可以实现压力表一定范围量程的调整。

　　弹簧管的材料，一般在 $p < 20$ MPa 时采用磷铜，$p > 20$ MPa 时则采用不锈钢或合金。但是使用压力表时，必须注意被测介质的化学性质。例如，测量氧气时，应严禁沾有油脂或有机物，以确保安全。

5.1.2.2　电接点压力表

　　在工业生产过程中，常常需要把压力控制在一定的范围内，即当压力超出规定范围时，会破坏正常工艺操作条件，甚至造成严重生产事故，因此希望在压力超限时，能及时采取一定措施。

　　电接点压力表的结构如图 5.4 所示。它是在普通弹簧管压力表的基础上附加了两个静触点 1 和 4，静触点的位置可根据要求的压力上、下限数值来设定。压力表指针 2 为一动触点，在动触点与静触点之间接入电源（220V 交流或 24V 直流）。正常测量时，工作原理与弹簧管压力表相同，动、静触点并不闭合，不形成报警回路，无报警信号产生。当压力超过上限值时，动触点 2 与静触点 4 闭合，上限报警回路接通，红色信号灯亮（或蜂鸣器响）发出报警信号；当压力过低则触点 2 与触点 1 闭合，下限报警回路接通，绿色信号灯亮（或蜂鸣器响）。

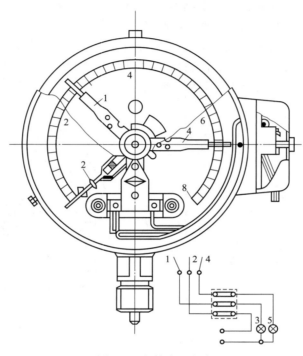

图 5.4　电接点压力表
1、4—静触点；2—动触点；3—绿灯；5—红灯

　　电接点压力表能简便地实现在压力超出给定范围时，及时发出报警信号，提醒操作人员注意，以便采取相应措施。另外还可通过中间继电器实现某种连锁控制，以防止严重事故发生。

5.2　流量测量仪表

5.2.1　转子流量计

　　工业生产和科研工作中，经常遇到小管径、低雷诺数的小流量测量，对较小管径的流量测量常采用转子流量计。它适用的管径范围为 1~150mm。

　　转子流量计的主要特点是结构简单，灵敏度高，量程比宽（10∶1），压力损失小且恒定，刻度近似线形，价格便宜，使用维护简便等。但仪表精度受被测介质密度、黏度、温度、压力等因素的影响，其精度一般在 1.5 级左右，最高可达 1.0 级。

5.2.1.1 工作原理

转子流量计是以压差不变，利用节流面积的变化来反映流量的大小，故称为恒压差、变节流面积的流量测量方法。

转子流量计主要是由一根自下而上扩大的垂直锥管和一只随流体流量大小而可以上、下移动的转子组成，如图 5.5 所示。锥形管的锥度为 $40'\sim3°$，其材料有玻璃管和金属管两种。转子根据不同的测量范围及不同介质（气体或液体）可分别采用不同材料制成不同形状。当被测流体沿锥形管由下而上流过转子与锥形管之间的环隙时，位于锥形管中的转子受到一个方向上的阻力 F_1，在转子上、下游产生压差，使得转子浮起。当这个阻力正好与浸没在流体里的转子自重 W 和浮力 F_2 达到平衡时，转子就停浮在某一高度上。如果被测流体的流量增大，作用在转子上、下游的压差增大，则向上的阻力 F_1 将随之增大，因为转子在流体中所受的力（$W-F_2$）是不变的，则向上的力大于向下的力，使转子上升，转子在锥形管中的位置升高，造成转子与锥形管间的环隙增大，即流体的流通面增大。随着环隙的增大，流过此环隙的流体流速变慢，则转子上、下游的压差减小，因而作用在转子向上的阻力也变小。当流体作用在转子上的阻力再次等于转子在流体中的自重与浮力之差时，转子又停浮在某一个新的高度上。流量减小时情况相反。这样，转子在锥形管中的平衡位置的高低与被测介质的流量大小相对应。如果在锥形管外表沿其高度刻上对应的流量值，那么根据转子平衡位置的高低就可以直接读出流量的大小。这就是转子流量计测量流量的基本原理。

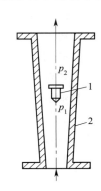

图 5.5　转子流量计的工作原理
1—转子；2—锥管

转子流量计中转子受到的作用力为：

$$作用力 \qquad F_1 = \frac{1}{2}\rho v^2 A_r C \tag{1}$$

$$浮力 \qquad F_2 = V_r \rho g \tag{2}$$

$$自重 \qquad W = V_r \rho_r g \tag{3}$$

式中　v——环形流通面积的平均流速；

　　C——转子的作用力系数；

　　A_r——转子迎流面的最大截面积；

　　V_r——转子的体积；

　　ρ_r——转子的密度；

　　ρ——被测流体的密度；

　　g——重力加速度。

当转子在某一位置平衡时，应满足

$$F_1 = W - F_2 \tag{4}$$

即 $\dfrac{1}{2}\rho v^2 A_r C = V_r(\rho_r - \rho)g$

可得 $\nu = \sqrt{\dfrac{2V_r(\rho_r - \rho)g}{\rho A_r C}}$ (5)

由于在测量过程中，流量计选定以后，被测流体工作条件不变，V_r、ρ_r、ρ、A_r、g 均为常数，所以流体流过环形流通面积的平均流速 ν 是常数。由体积流量 $Q = A\nu$ 可知，ν 一定，体积流量 Q 与流通面积 A 成正比。

转子流量计的流通面积由转子和锥管尺寸所决定，即

$$A = (D^2 - d_r^2)\frac{\pi}{4}$$ (6)

式中　D——锥管内径；

　　　d_r——转子的最大直径。

在 ν 一定的情况下，流过转子流量计的流量与转子和锥形之间的环隙面积有关。由于锥形管由下而上逐渐扩大，所以环隙面积与转子浮起的高度 h 有关。因为锥管的锥角 φ 很小，流通面积可近似表示为：

$$A = \pi d_r h \tan\varphi$$

所以，转子流量计所测介质的流量大小，可用式（7）表示

$$M = \alpha A \sqrt{\frac{2\rho V_r(\rho_r - \rho)g}{A_r}} = \alpha \pi d_r h \tan\varphi \sqrt{\frac{2\rho V_r(\rho_r - \rho)g}{A_r}}$$ (7)

$$Q = \alpha A \sqrt{\frac{2V_r(\rho_r - \rho)g}{\rho A_r}} = \alpha \pi d_r h \tan\varphi \sqrt{\frac{2V_r(\rho_r - \rho)g}{\rho A_r}}$$ (8)

式中　α——转子流量计的流量系数，$\alpha = \sqrt{1/C}$ 取决于转子的形状和雷诺数，并由实验确定；

　　　h——转子所处的高度。

由式（7）和式（8）可见，只要保持流量系数 α 为常数，测得转子所处的高度 h，便可知流量的大小。

5.2.1.2　常用转子流量计——玻璃转子流量计

玻璃转子流量计主要用于化工、医药、石油、轻工、食品、机械、化肥、分析仪表等领域，用来测量液体或气体的流量。

（1）特点

性能可靠，读数直观、方便。结构简单，安装使用方便，价格便宜。

（2）工作原理和结构

流量计的主要测量元件为一根垂直安装的锥形玻璃管和在内可以上下移动的浮子。当流体自下而上流经玻璃管时，在浮子上、下之间产生压差，浮子在此差压作用下上升。当使浮子上升的力、浮子所受的浮力、黏性力与浮子的重力相等时，浮子处于平衡位置。因此，流经流量计的流体流量与浮子上升高度，即与流量计的流通面积存在着一定的比例关系，浮子的平衡位置可作为流量的量度。

例如目前市场上可见的 LZB 普通型、LZBH 耐腐型系列玻璃转子，如图 5.6 所示，主要由锥形玻璃管、浮子、上下基座和支撑件连接组合而成。

图 5.6　LZB 玻璃转子流量计

玻璃转子流量计有普通型和防腐型两大类：普通型通常适用于各种没有腐蚀性的液体和气体；耐腐蚀型主要用于有腐蚀性的气体和液体（强酸强碱），内衬材料为 PTFE。

5.2.2　涡轮流量计

涡轮流量计是一种速度式流量计，是利用置于流体中的叶轮的旋转角速度与流体流速成比例的关系，通过测量叶轮的转速来反映体积流量的大小。

5.2.2.1　原理与结构

涡轮流量计由变送器和显式仪表两部分组成。变送器如图 5.7 所示，涡轮 1 用高导磁材

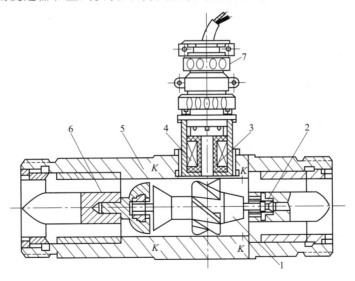

图 5.7　涡轮流量计结构

1—涡轮；2—支承；3—永久磁钢；4—感应线圈；5—壳体；6—导流器；7—前置放大器

料制成，置于摩擦力很小的支承 2 上，涡轮上装有螺旋形叶片，流体作用于叶片使之转动。导流器 6 由导向环（片）及导向座组成，使流体到达涡轮前先导直，以避免因流体的自旋而改变流体与涡轮叶片的作用角，从而保证测量精确度，并且用以支承涡轮。磁电感应转换器

由线圈 4 和磁钢 3 组成，可用来产生与叶片转速成正比的电信号。壳体 5 由非导磁材料制成，用以固定和保护内部零件，并与被测流体管道连接。前置放大器 7 用以放大磁电感应转换器输出的微弱电信号，以便于远距离传送。

当流体流过涡轮流量变送器时，推动涡轮转动，高导磁的涡轮叶片周期性地扫过磁钢，使磁路的磁阻发生周期性变化，线圈中的磁通量也就跟着发生周期性变化，使线圈中感应出交变电信号，此交变电信号的频率与涡轮的转速成正比，即与流量成正比。也就是说，流量越大，线圈中感应出的交变电信号频率 f（Hz）越高。

被测的体积流量与脉冲频率数 f 之间的关系为

$$Q = f/\xi \tag{9}$$

式中，ξ 为流量系数，与仪表的结构、被测介质的流动状态、黏度等因素有关，在一定的范围内 ξ 为常数。

典型的涡轮流量计的特性曲线如图 5.8 所示。由图可见，涡轮开始旋转时为了克服轴承中的摩擦力矩有一最小流量，小于最小流量时仪表无输出。当流量比较小时，即流体在叶片间是层流流动时，ξ 随流量的增加而增加。达到紊流状态后 ξ 的变化很小，其变化值在 $\pm 0.5\%$ 以内。另外，ξ 值将受被测介质黏度的影响，对低黏度介质 ξ 值几乎是一常数，而对高黏度介质 ξ 值随流量的变化有很大的变化，因此涡轮流量计适于测量低黏度的湍流流体。当涡轮流量计用于测量较高黏度的流体，特别是较高黏度的低速流体时，必须用实际使用的流体对仪表进行重新标定。

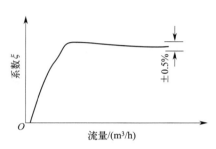

图 5.8 流量系数与流量的关系

5.2.2.2 涡轮流量计的特点

① 精确度高。基本误差为 $\pm(0.2\% \sim 1.0\%)$，在小范围内误差小于或等于 $\pm 0.1\%$，可作为流量的准确计量仪表。

② 反应迅速，可测脉动流量，量程比为 10:1 ~ 20:1，线性刻度。

③ 由于磁电感应转换器与叶片间不需密封和齿轮传动，因而测量精度高，可耐高压，被测介质静压可达 16MPa。压损小，一般压力损失在 $(5 \sim 75) \times 10^3$ Pa 范围内，最大不超过 1.2×10^5 Pa。

④ 涡轮流量计输出为与流量成正比的脉冲数字信号，具有在传输过程中准确度不降低、易于积累、易于送入计算机系统的优点。

缺点是制造困难，成本高。又因涡轮高速转动，轴承易被磨损，降低了长期运转的稳定性，缩短了使用寿命。

由于以上原因，涡轮流量计主要用于测量精确度要求高、流量变化迅速的场合，或者作为标定其它流量计的标准仪表。

5.2.2.3 涡轮流量计使用注意事项

① 要求被测流体洁净，以减少对轴承的磨损和防止涡轮被卡住，故应在变送器前加过滤装置，安装时要设旁路。

② 变送器一般应水平安装。变送器前的直管段长度应 10D 以上，后面为 5D 以上。

③ 可用于测量轻质油（汽油、煤油、柴油等）、低黏度的润滑油及腐蚀性不大的酸碱溶液的流量，不适于测量黏度较高的介质流量。对于液体，介质黏度应小于 $5 \times 10^{-6} \mathrm{m}^3/\mathrm{s}$。

④ 凡测量液体的涡轮流量计，在使用中切忌有高速气体引入，特别在测量易汽化的液体和液体中含有气体时，必须在变送器前安装消气器。这样既可避免高速气体引入而造成叶轮高速旋转，致使零部件损坏，又可避免气、液两相同时出现，从而提高测量精确度和涡轮流量计的使用寿命。当遇到管路设备检修采用高温蒸汽清扫管路时，切忌冲刷仪表，以免损坏。

5.3　测温仪器仪表

5.3.1　热电偶概述

作为工业测温中最广泛使用的温度传感器之一——热电偶，与铂热电阻一起，约占整个温度传感器总量的 60%，热电偶通常和显示仪表等配套使用，直接测量各种生产过程中 $-40 \sim 1800$℃ 范围内的液体、蒸汽和气体介质以及固体的表面温度。

热电偶工作原理：两种不同成分的导体两端接合成回路，当接合点的温度不同时，在回路中就会产生电动势，这种现象称为热电效应，而这种电动势称为热电势。热电偶就是利用这种原理进行温度测量的，其中，直接用作测量介质温度的一端叫作工作端（也称为测量端），另一端叫作冷端（也称为补偿端）；冷端与显示仪表或配套仪表连接，显示仪表会指出热电偶所产生的热电势。

热电偶实际上是一种能量转换器，它将热能转换为电能，用所产生的热电势测量温度，对于热电偶的热电势，应注意如下几个问题。

① 热电偶的热电势是热电偶两端温度函数的差，而不是热电偶两端温度差的函数。

② 当热电偶的材料是均匀时，热电偶所产生的热电势的大小与热电偶的长度和直径无关，只与热电偶材料的成分和两端的温差有关。

③ 当热电偶的两个热电偶丝材料成分确定后，热电偶热电势的大小只与热电偶的温度差有关；若热电偶冷端的温度保持一定，则热电偶的热电势与工作端温度之间可呈线性或近似线性的单值函数关系。

热电偶的基本构造：工业测温用的热电偶，其基本构造包括热电偶丝材、绝缘管、保护管和接线盒等。

5.3.2　常用热电偶丝材及其性能

（1）铂铑 10-铂热电偶（分度号为 S，也称为单铂铑热电偶）

该热电偶的正极成分为含铑 10% 的铂铑合金，负极为纯铂。它的特点是：

① 热电性能稳定，抗氧化性强，宜在氧化性气氛中连续使用，长期使用温度可达 1300℃，超过 1400℃ 时，即使在空气中、纯铂丝也将再结晶，使晶粒粗大而断裂。

② 精度高，它是在所有热电偶中，准确度等级最高的，通常用作标准或测量较高的温度。

③ 使用范围较广，均匀性及互换性好。

主要缺点有：微分热电势较小，因而灵敏度较低；价格较贵，机械强度低，不适宜在还原性气氛或有金属蒸气的条件下使用。

（2）铂铑 13-铂热电偶（分度号为 R，也称为单铂铑热电偶）

该热电偶的正极为含 13% 的铂铑合金，负极为纯铂，同 S 型相比，它的电势率大 15% 左右，其它性能几乎相同。该种热电偶在日本产业界，作为高温热电偶用得最多，而在中国则用得较少。

（3）铂铑 30-铂铑 6 热电偶（分度号为 B，也称为双铂铑热电偶）

该热电偶的正极是含铑 30% 的铂铑合金，负极为含铑 6% 的铂铑合金，在室温下，其热电势很小，故在测量时一般不用补偿导线，可忽略冷端温度变化的影响；长期使用温度为 1600℃，短期为 1800℃。因热电势较小，故需配用灵敏度较高的显示仪表。

（4）镍铬-镍硅（镍铝）热电偶（分度号为 K）

该热电偶的正极为含铬 10% 的镍铬合金，负极为含硅 3% 的镍硅合金（有些国家的产品负极为纯镍）。可测量 0～1300℃ 的介质温度，适宜在氧化性及惰性气体中连续使用，短期使用温度为 1200℃，长期使用温度为 1000℃，其热电势与温度的关系近似线性。价格便宜，是目前用量最大的热电偶。

（5）镍铬硅-镍硅热电偶（分度号为 N）

该热电偶的主要特点是，在 1300℃ 以下调温抗氧化能力强，长期稳定性及短期热循环复现性好，耐核辐射及耐低温性能好。另外，在 400～1300℃ 范围内，N 型热电偶的热电特性的线性比 K 型热电偶要好；但在低温范围内（－200～400℃）的非线性误差较大。同时，材料较硬难于加工。

5.3.3　绝缘管

该热电偶的工作端被牢固地焊接在一起，热电极之间需要用绝缘管保护。热电偶的绝缘材料很多，大体上可分为有机绝缘和无机绝缘两类。处于高温端的绝缘物必须采用无机物，通常在 1000℃ 以下选用黏土质绝缘管，在 1300℃ 以下选用高铝管，在 1600℃ 以下选用刚玉管。

5.3.4　保护管

保护管的作用在于使用热电偶电极不直接与被测介质接触，它不仅可延长热电偶的寿命，还可起到支撑和固定热电极，增加其强度的作用。因此，热电偶保护管及绝缘选择是否合适，将直接影响到热电偶的使用寿命和测量的准确度，被采用作保护管的材料主要分金属和非金属两大类。

5.4　数字式显示仪表

在生产过程中，各种工艺参数经检测元件和变送器变换后，多数被转换成相应的电参量的模拟量。由于从变送器得到的电参量信号较小，通常必要要进行前置放大，然后再经过模数转换（简称 A/D 转换）器，把连续输入的模拟信号转换成数字信号。

在实际测量中，被测变量经检测元件及变压器转换后的模拟信号与被测变量之间有时为非线性函数关系，这种非线性函数关系对于模拟式显示仪表可采用非等分标尺刻度的办法方便地加以解决。但在数字式显示仪表中，由于经模数转换后直接显示被测变量的数值，所以为了消除非线性误差，必须在仪表中加入非线性补偿。一台数字式显示仪表应具备以下基本功能。

5.4.1 模-数转换功能

模-数转换是数字式显示仪表的重要组成部分。它的主要任务是使连续变化的模拟量转换成与其长成比例的、断续变化的数字量，以便于进行数字显示。要完成这一任务必须用一定的计量单位使连续量整量化，才能得到近似的数字量。计量单位越小，整量化的误差也就越小，数字量就越接近连续量本身的值。显然，分割的阶梯（即量化单位）越小，转换精度就越高，但这要求模数转换装置的频率响应、前置放大的稳定性等也越高。使模拟量整量化的方法很多，目前常用的有以下三大类：时间间隔数字转换；电压-数字转换（V/D转换）；机械量数字转换。

实际上经常是把非电量先转换成电压，然后再由电压转换成数字，所以A/D转换的重点是V/D转换。电压数字转换的方法有很多，例如单积分型、双积分型、逐次比较型等，详细内容可参见有关教材，此处不再细述。

5.4.2 非线性补偿功能

数字式显示仪表的非线性补偿，就是指将被测变量从模拟量转换到数字显示这一过程中，如何使显示值和仪表的输入信号之间具有一定规律的非线性关系，以补偿输入信号和被测变量之间的非线性关系，从而使显示值和被测变量之间呈线性关系。目前常用的方法有模拟式非线性补偿法、非线性模数转换补偿法、数字式非线性补偿法。数字式非线性补偿通用性较强。

数字式线性化是在A/D转换之后的计数过程中，进行系数运算而实现非线性补偿的一种方法。它又可分为两大类：一类是普通的数字显示仪采用"分段系数相乘法"，基本原则仍然同A/D转换一样，是"以折代曲"，将不同斜率的折线段乘以不同的系数，就可以使非线性的输入信号转换为有着同一斜率的线性输出，达到线性化的目的；另一类是智能化数显仪表才可采用的"软件编程法"，它可将标度变换和线性化同时实现，使仪表硬件大大减少，明显优于普通数显仪表。

5.4.3 标度变换功能

标度变换的含意就是比例尺的变更。测量信号与被测变量之间往往存在一定的比例关系，测量值必须乘上某一常数，才能转换成数字式仪表所能直接显示的变量值，如温度、压力、流量、物位等，这就存在一个量纲还原问题，通常称之为"标度变换"。

标度变换与非线性补偿一样也可以采用对模拟量先进行标度变换后，再送至A/D转换器变成数字量，也可以先将模拟量转换成数字量后，再进行数字式标度变换。模拟量的标度变换较简单，它一般是在模拟信号输入的前置放大器中，通过改变放大器的放大倍数来达到。因而使模拟量的标度变换方法较简单。

可见，一台数字式显示仪表应具备模数转换、非线性补偿及标度变换三大部分。这三部分又各有很多种类，三者相互巧妙地结合，可以组成适用于各种不同要求的数字式显示仪表。

5.4.4 智能化显示功能

智能化显示功能是在普通数字式显示仪表的基础上，内部增加了 CPU 等芯片，使其功能智能化。一般都具有量程自动切换、自校正、自诊断等一定的人工智能分析能力。传统仪表中难以实现的如通信、复杂的公式修正运算等问题，对智能仪表而言，只要软、硬件设计配合得当，则是轻而易举的事情。而且与传统仪表相比，其稳定性、可靠性、性能价格比都大大提高。

智能化显示仪表的原理如图 5.9 所示。它的硬件结构的核心是单片机芯片（简称单片机），在一块小小的芯片上，同时集成了 CPU、存储器、定时/计数器、串并行输入输出口、多路中断系统等。有些型号的单片机还集成了 A/D 转换器、D/A 转换器，采用这样的单片机，仪表的硬件结构还更简单。

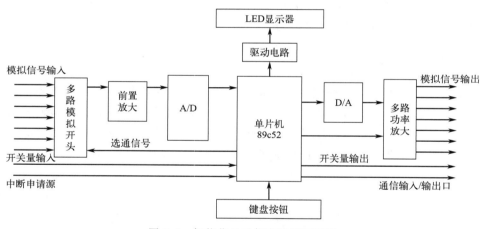

图 5.9 智能化显示仪表的原理框图

仪表的监控程序固化在单片机的存储器中。单片机包含的多路并行输入输出口，有的可作为仪表面板轻触键和开关量输入的接口；有的用于 A/D、D/A 芯片的接口；有的可作为并行通信接口（如连接一个微型打印机等）；串行输入输出口可用于远距离的串行通信；多路中断处理系统能应付各种突发事件的紧急处理。

智能化显示仪表的输入信号除开关量的输入信号与外部突发事件的中断申请源之外，主要为多路模拟量输入信号，可以连接多种分度号的热电偶和热电阻及变送器的信号，监控程序会自动判别，量程也会自动调整。输出信号有开关量输出信号、串并行通信信号、多路模拟控制信号等。

智能化显示仪表的操作既可用仪表面板上的轻触键来设定，也可借助串行通信口由上位机来远距离设定与遥控。可让仪表巡回显示多路被测信号的测量值、设定值，也可随意指定显示某一路的测量值、设定值。

5.5 其它仪表

5.5.1 阿贝折射仪

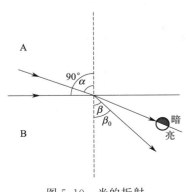

图 5.10 光的折射

阿贝折射仪可直接用来测定液体的折射率，定量地分析溶液的组成，鉴定液体的纯度。同时，物质的温度、摩尔质量、密度、极性分子的偶极矩等也都与折射率相关，因此它也是物质结构研究工作的重要工具。折射率的测量，所需样品量少，测量精密度高（折射率可精确到 ±0.0001），重现性好，所以阿贝折射仪是教学和科研工作中常见的光学仪器。近年来，由于电子技术和电子计算机技术的发展，该仪器品种也在不断更新。下面介绍仪器的结构原理和使用方法。

5.5.1.1 测定液体介质折射率的原理

当一束单色光从介质 A 进入介质 B（两种介质的密度不同）时，光线在通过界面时改变了方向，这一现象称为光的折射，如图 5.10 所示。

光的折射现象遵从折射定律：

$$\frac{\sin\alpha}{\sin\beta}=\frac{n_{\mathrm{B}}}{n_{\mathrm{A}}}=n_{\mathrm{A,B}} \tag{10}$$

式中，α 为入射角；β 为折射角；n_{A}、n_{B} 为交界面两侧两种介质的折射率；$n_{\mathrm{A,B}}$ 为介质 B 对介质 A 的相对折射率。

若介质 A 为真空，因规定 $n=1.0000$，故 $n_{\mathrm{A,B}}=n_1$ 为绝对折射率。但介质 A 通常为空气，空气的绝对折射率为 1.00029，这样得到的各物质的折射率称为常用折射率，也称为对空气的相对折射率。同一物质两种折射率之间的关系为：

$$绝对折射率＝常用折射率 \times 1.00029$$

根据式（10）可知，当光线从一种折射率小的介质 A 射入折射率大的介质 B 时（$n_{\mathrm{A}}<n_{\mathrm{B}}$），入射角一定大于折射角（$\alpha>\beta$）。当入射角增大时，折射角也增大，设当入射角 $\alpha=90°$ 时，折射角为 β_0，我们将此折射角称为临界角。因此，当在两种介质的界面上以不同角度射入光线时（入射角 α 从 $0°\sim90°$），光线经过折射率大的介质后，其折射角 $\beta\leqslant\beta_0$。其结果是大于临界角的部分无光线通过，成为暗区；小于临界角的部分有光线通过，成为亮区。临界角成为明暗分界线的位置，如图 5.10 所示。根据式（10）可得：

$$n_{\mathrm{A}}=n_{\mathrm{B}}\frac{\sin\beta_0}{\sin\alpha}=n_{\mathrm{B}}\sin\beta_0 \tag{11}$$

因此在固定一种介质时，临界折射角 β_0 的大小与被测物质的折射率呈简单的函数关系，阿贝折射仪就是根据这个原理而设计的。

5.5.1.2 阿贝折射仪的结构

阿贝折射仪的外形图如图 5.11 所示。阿贝折射仪的光学系统如图 5.12 所示。

图 5.11　阿贝折射仪外形图

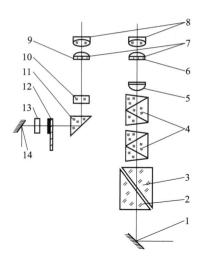

图 5.12　阿贝折射仪光学系统示意

1—反射镜；2—辅助棱镜；3—测量棱镜；

4—消色散棱镜；5—物镜；6—分划板；

7、8—目镜；9—分划板；10—物镜；

11—转向棱镜；12—照明度盘；

13—毛玻璃；14—小反光镜

　　它的主要部分由两个折射率为 1.75 的玻璃直角棱镜所构成，上部为测量棱镜，是光学平面镜，下部为辅助棱镜。其斜面是粗糙的毛玻璃，两者之间有 0.1~0.15mm 的空隙，用于装待测液体，并使液体展开成一薄层。当从反射镜反射来的入射光进入辅助棱镜至粗糙表面时，产生漫散射，以各种角度透过待测液体，而从各个方向进入测量棱镜而发生折射。其折射角都落在临界角 β_0 之内，因为棱镜的折射率大于待测液体的折射率，因此入射角从 0°~90°的光线都通过测量棱镜发生折射。具有临界角 β_0 的光线从测量棱镜出来反射到目镜上，此时若将目镜十字线调节到适当位置，则会看到目镜上呈半明半暗状态。折射光都应落在临界角 β_0 内，成为亮区，其它部分为暗区，构成了明暗分界线。

　　根据式(11)可知，只要已知棱镜的折射率 $n_{棱}$，通过测定待测液体的临界角 β_0，就能求得待测液体的折射率 $n_{液}$。实际上测定 β_0 值很不方便，当折射光从棱镜出来进入空气又产生折射，折射角为 β_0'。$n_{液}$ 与 β_0' 之间的关系为：

$$n_{液} = \sin r \sqrt{n_{棱}^2 - \sin^2 \beta_0'} - \cos r \sin \beta_0' \tag{12}$$

式中，r 为常数；$n_{棱}$ 为 1.75。

　　测出 β_0' 即可求出 $n_{液}$。因为在设计折射仪时已将 β_0' 换算成 $n_{液}$ 值，故从折射仪的标尺上可直接读出液体的折射率。

　　在实际测量折射率时，使用的入射光不是单色光，而是使用由多种单色光组成的普通白光，因不同波长的光的折射率不同而产生色散，在目镜中看到一条彩色的光带，而没有清晰的明暗分界线，为此，在阿贝折射仪中安置了一套消色散棱镜（又叫补偿棱镜）。通过调节消色散棱镜，使测量棱镜出来的色散光线消失，明暗分界线清晰，此时测得的液体的折射率相当于用单色光钠光 D 线所测得的折射率 n_D。

5.5.1.3 使用方法

（1）仪器安装

将阿贝折射仪安放在光亮处，但应避免阳光直接照射，以免液体试样受热迅速蒸发。将超级恒温槽与其相连接使恒温水通入棱镜夹套内，检查棱镜上温度计的读数是否符合要求，一般选用（20.0±0.1）℃或（25.0±0.1）℃。

（2）加样

旋开测量棱镜和辅助棱镜的闭合旋钮，使辅助棱镜的磨砂斜面处于水平位置，若棱镜表面不清洁，可滴加少量丙酮，用擦镜纸顺单一方向轻擦镜面（不可来回擦）。待镜面洗净干燥后，用滴管滴加数滴试样于辅助棱镜的毛镜面上，迅速合上辅助棱镜，旋紧闭合旋钮。若液体易挥发，动作要迅速，或先将两棱镜闭合，然后用滴管从加液孔中注入试样（注意：切勿将滴管折断在孔内）。

（3）对光

转动手柄，使刻度盘标尺上的示值为最小，于是调节反射镜，使入射光进入棱镜组。同时，从测量望远镜中观察，使示场最亮。调节目镜，使示场准丝最清晰。

（4）粗调

转动手柄，使刻度盘标尺上的示值逐渐增大，直至观察到视场中出现彩色光带或黑白分界线为止。

（5）消色散

转动消色散手柄，使视场内呈现一清晰的明暗分界线。

（6）精调

再仔细转动手柄，使分界线正好处于×形准丝交点上。（调节过程在右边目镜看到的图像颜色变化如图 5.13 所示。）

（7）读数

从读数望远镜中读出刻度盘上的折射率数值，如图 5.14 所示。常用的阿贝折射仪可读至小数点后的第四位，为了使读数准确，一般应将试样重复测量三次，每次相差不能超过0.0002，然后取平均值。

（8）仪器校正

折光仪的刻度盘上的标尺的零点有时会发生移动，须加以校正。校正的方法是用一种已知折射率的标准液体，一般是用纯水，按上述方法进行测定，将平均值与标准值比较，其差值即为校正值。纯水在 20℃ 时的折射率为 1.3325，在 15～30℃ 之间的温度系数为 $-0.0001℃^{-1}$。在精密的测定工作中，须在所测范围内用几种不同折光指数的标准液体进行校正，并画成校正曲线，以供测试时对照校核。

5.5.2 水分快速测定仪

5.5.2.1 原理及用途

水分快速测定仪用于快速测定化工原料、谷物、矿物、生物质品、食品、制药原料、纸张、纺织原料等各类样品的游离水分。当对含水率需作精密测定时，一般使用烘箱并配置精密天平，试样物质在烘干后的失重量和烘干前的原始重量之比值，就是该试样的含水率。这种方法能够得到较高的测试精度，但是耗用的时间很长，不能及时地指导实验或生产。

未调节右边旋扭前在右边目镜看到的图像，此时颜色是散的

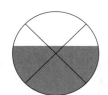
调节右边旋扭直到出现明显的分界线为止

调节左边旋扭使分界线经过交叉点为止,并在左边目镜中读数

实验测得折射率为：1.356+0.001×1/5=1.3562

图 5.13　右边目镜中的图像　　　　　　图 5.14　左边目镜中的图像

水分快速测定仪采用相似的原理，将一台定量天平的秤盘置于红外线灯泡的直接辐射之下，试样物质受红外线辐射波的热能后，游离水分迅速蒸发，当试样物质中的游离水分充分蒸发后，即能通过仪器上的光学投影装置，直接读出试样物质含水率的百分比，不仅缩短了测试时间，操作也比较方便。

对于要求含水率快速测定及试样物质能够经受红外辐射波照射而不至于被挥发或分解的均能使用本仪器。

5.5.2.2　操作方法

正确地使用水分快速测定仪，掌握最佳的测试工艺过程，才能得到最好的试样效果。由于环境的温度和湿度对试样含水率的正确测定有较大影响，因此一般要按下列步骤进行。

（1）干燥处理

在红外线的辐射下，秤盘和天平称重系统表面吸附的水分也会受热蒸发，直接影响测试精度，因此在测定水分前必须进行干燥处理，特别是在湿度较大的环境条件下，这项工作务必进行。

干燥处理可在仪器内进行，把要用的秤盘全部放进仪器前部的加热室内，打开红外线灯约 5min，然后关灯冷却至常温。安放秤盘的位置应有利于水分的迅速充分蒸发，秤盘可以分别斜靠在加热室两边的壁上，千万不要堆在一起。

（2）称取试样

称取试样必须在常温下进行，可以采取以下两种方法。

① 仪器经干燥处理冷却到常温后，校正零位，在仪器上对试样进行称量，按选定的称量值把试样全部称好，放置在备用秤盘或其它容器内。

② 试样的定量用精度不低于 5mg 的其它天平进行。这种取样方法尤其适用于生产工艺过程中的连续测试工作，能大大加快测试速度，并且可以使干燥处理和预热调零工作合并进行。

注意：由于本仪器内的天平是 10g 定量天平，投影屏上的显示为失重量，最大显示范围是 1g，所以天平的直接称量范围是 9～10g。当秤盘上的实际载荷小于 9g 时，必须在加码盘内加适量的平衡砝码，否则不能读数。

例如：在仪器内称取 3g 的试样，先在加码盘内加上 7g 平衡砝码，再在秤盘内加放试样物质，直至零位刻线对准基准刻线，这时秤盘内的试样净重为 3g。试样物质加上砝码的总和等于 10g（此时投影屏内显示值为零），若经加热蒸发，试样失水率大于 1g，且投影屏末位刻线超过基准刻线无法读数时，可关闭天平，在加码盘内再添加 1g 砝码并继续测试，以此类推。在计算时，砝码添加量必须包括在含水率内。

（3）预热调整

由于天平横梁一端在红外线辐射下工作，受热后会产生膨胀伸长，改变常温下的平衡力矩，使天平零位产生漂移 2～5 分度。因此必须在加热条件下校正天平的零位。消除这一误差的方法是在加码盘内加 10g 砝码，秤盘内不放试样，开启天平和红外线灯约 20min 后，等投影屏上的刻线不再移动时校正零位。经预热校正后的零位，在连续测试中不能再任意校正，如果产生怀疑，应按上述方法重新检查校正。

（4）加热测试

水分快速测定仪经预热调零后，取下 10g 砝码，把预先称好的试样均匀地倒在秤盘内，当使用 10g 以下试样时，在加码盘内加适量的平衡砝码，然后开启天平和红外线灯泡开关，对试样进行加热。在红外线辐射下，试样因游离水分蒸发而失重，投影屏上刻度也随着移动，若干时间后刻度移动静止（不包括因受热气流影响，刻度在很小范围内上下移动）。标志着试样内游离水已蒸发并达到了恒重点，此时重新开启开关旋钮，读出记录数据后，测试工作结束。当样品的含水量不大于 1g 并使用 10g 或 5g 的定量试样时，在投影屏内可直接读取试样的含水率。当样品的含水量大于 1g 时，应如前所述，关闭天平添加砝码后，继续测试。通过调节红外线灯的电压来决定对试样加热的温度，对于不同的试样，使用者应通过试验来选用不同的电压；测试相同的试样时，应用相同的电压；对于易燃、易挥发、易分解的试样，先选用低电压。如果试样在加温很长时间后仍达不到恒重点，可能是在试样中游离水蒸发的同时试样本身被挥发，或由于试样中结晶水被析出而产生分解，甚至被溶化或粉化，某些物品在游离水蒸发后结晶水才分解。如图 5.15 所示，在试样的失重曲线上会有一段恒重点，可用低电压加热，使这段恒重点适当延长，便于观察和掌握读数的时间。

（5）读数及计算

仪器光学投影屏上的数值和刻度如图 5.16 所示。微分标牌有效刻度共 200 个分度（不包括两端的辅助线），它从左往右在垂直方向上分三组数值，按不同的取样重量或使用方法，代表了三种不同的量值。左起第一组，用于使用 10g 定量的试样测定，分度值 0.05%，200 个分度合计为 10%。左起第二组，用于使用 5g 定量的试样测定，分度值 0.1%，200 个分度合计为 20%。右起第一组，用于取样和使用 10g 以下任意重量的试样测定，分度值 0.005g，200 个分度合计为 1g。当含水量大于 1g，在加码盘上已添加了砝码时，要和投影屏的数值一起合并计算，方法如下。

① 当使用 10g 或 5g 的定量测定方法时：

$$\delta = K + (g/G) \times 100\% \tag{a}$$

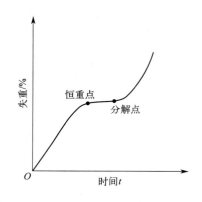

图 5.15 某些试样水分蒸发后的分解曲线

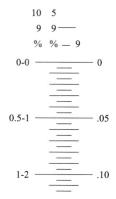

图 5.16 投影屏上刻线和读数示意图

② 当使用 10g 以下任意重量的测试方法时：

$$\delta = [(K + g)/G] \times 100\,\%\qquad\qquad\text{(b)}$$

式中 δ——含水率，%；

K——和测试方法相应的读数值（注意：式(a) K 的单位是%；式(b) K 的单位是 g）；

G——样品的重量，g；

g——加码盘上因含水量超过 1g 时添加的砝码重量，g。

附录（数字资源）

参考文献

[1]　王卫东，徐洪军，张振坤，等 . 化工原理实验 [M]. 北京：化学工业出版社，2019.

[2]　赵清华，谭怀琴，白薇扬，等 . 化工原理实验 [M]. 北京：化学工业出版社，2018.

[3]　尚小琴，陈胜洲，邹汉波 . 化工原理实验 [M]. 北京：化学工业出版社，2011.

[4]　林华盛，曾兰萍，王玫 . 化工原理实验 [M]. 北京：化学工业出版社，2011.

[5]　史贤林，田恒水，张平 . 化工原理实验 [M]. 上海：华东理工大学出版社，2005.

[6]　薛长虹，于凯 . 大学数学实验——MATLAB 应用篇 [M]. 成都：西南交通大学出版社，2003.

[7]　黄华江 . 实用化工计算机模拟——MATLAB 在化学工程中的应用 [M]. 北京：化学工业出版社，2004.

[8]　李谦，毛立群，房晓敏 . 计算机在化学化工中的应用 [M]. 北京：化学工业出版社，2014.

[9]　彭智，陈悦 . 化学化工常用软件实例教程 [M]. 北京：化学工业出版社，2023.

[10]　汪海，田文德 . 实用化学化工计算机软件基础 [M]. 北京：化学工业出版社，2023.

[11]　王正平，陈兴娟 . 化学工程与工艺实验技术 [M]. 哈尔滨：哈尔滨工程大学出版社，2005.

[12]　陈敏恒，丛德滋，齐鸣斋，等 . 化工原理：上册 [M]. 5 版 . 北京：化学工业出版社，2019.

[13]　范玉久，朱麟章 . 化工测量及仪表 [M]. 北京：化学工业出版社，2002.